小電力マイクロ波
応用技術と装置

柴田長吉郎　監修
柴田長吉郎・柳沢和介　著

電気書院

まえがき

　先に「工業用マイクロ波応用技術」という本を刊行したが，それはマイクロ波電力の「通信およびレーダ以外」の応用を紹介したものであったが，他にその様な本が少なかった為か，各方面で利用されてきた．

　私はマイクロ波に携わる者としては，更にもう一つのマイクロ波応用の方向を世の中に紹介したいと思う．それは，前者はマイクロ波を電力として利用する方向で，謂わばマイクロ波電力の工業的利用であるが，もう一つの方向として小電力のマイクロ波を利用してこれを主として情報取得（検出，防犯，温度計測など）とその伝送に利用するものである．

　それは，マイクロ波の持つ指向性，透過性などを利用するもので，防犯をはじめ多くの用途が考えられるのである．

　私は前著の続編として，このようなマイクロ波小電力の応用を紹介して，それを広く実用してもらいたいと思う．

　本書では，これらの装置を構築するのに必要な素子類やコンポーネントについて，平易な解説を加え，最後にこれらを用いた応用装置を出来るだけ広くとり上げて，その構成，特色，用途などを解説した．特に，これらの応用装置については，それを製作しているメーカーの方々に参加していただいて，実際の回路や実物の写真などを挿入して，読者の理解をすすめることに務めた．また，性能測定に必要な装置や，わかり難い専門用語などをとりあげて巻末として解説を加えることとした．

　本書が，マイクロ波小電力の応用の促進に役立つことを期待する．

2005 年 9 月
柴田　長吉郎

小電力マイクロ波応用技術と装置 目次

柴田長吉郎　監修
柴田長吉郎
柳沢　和介　著

まえがき
はじめに ·· 6
 1.　無線周波数 ·· 8
 2.　マイクロ波応用で使用する周波数 ··· 9
 3.　マイクロ波の応用分野 ···11
第1章　マイクロ波素子とマイクロ波コンポーネント ·················12
 1.1　マイクロ波線形回路素子 ···13
  1.1.1　R, L, C素子 ···13
  1.1.2　マイクロ波用基板 ···14
 1.2　マイクロ波半導体素子 ···16
  1.2.1　発振用素子 ··16
  1.2.2　増幅用素子 ··20
  1.2.3　受信用素子 ··21
  1.2.4　変調用素子 ··21
 1.3　発振器 ··23
  1.3.1　水晶発振器 ··24
  1.3.2　誘電体共振器を用いた発振器 ·····································25
  1.3.3　伝送線路共振器を用いた発振器 ·································27
  1.3.4　FM発振器 ···30
  1.3.5　PLL発振器 ··33

1.4 受信機 …………………………………………………………… 34
    1.4.1 低雑音増幅器 ………………………………………………… 35
    1.4.2 ミクサ ………………………………………………………… 36
1.5 変調器 …………………………………………………………… 37
    1.5.1 振幅変調器 …………………………………………………… 37
    1.5.2 位相変調器 …………………………………………………… 38
1.6 周波数変調 ……………………………………………………… 40
1.7 アイソレータ，サーキュレータ ……………………………… 41
1.8 アンテナ ………………………………………………………… 44
    1.8.1 電磁ホーン …………………………………………………… 44
    1.8.2 パラボラアンテナ …………………………………………… 46
    1.8.3 平面アンテナ ………………………………………………… 47
    1.8.4 アンテナの偏波 ……………………………………………… 48
1.9 結合器 …………………………………………………………… 49
1.10 アッテネータ ………………………………………………… 50

第2章 アプリケータ …………………………………………… 53
2.1 導波管を用いたアプリケータ ………………………………… 54
2.2 ストリップライン形アプリケータ …………………………… 58
2.3 空胴共振器を用いたアプリケータ …………………………… 60
2.4 アンテナを用いたアプリケータ ……………………………… 62

第3章 マイクロ波応用装置 …………………………………… 65
3.1 ドップラー効果の応用 ………………………………………… 65
    3.1.1 ドップラーモジュール（シングルタイプ）……………… 66
    3.1.2 ドップラーモジュール（デュアルタイプ）……………… 72
    3.1.3 2周波ドップラーモジュール……………………………… 77
    3.1.4 スピード計測用センサー…………………………………… 81
    3.1.5 セキュリティ用センサー…………………………………… 83
    3.1.6 自動ドア用センサー………………………………………… 86

    3.1.7 省エネ用センサー………………………………………… 87
    3.1.8 その他の応用例…………………………………………… 89
 3.2 変位計 ……………………………………………………………… 89
    3.2.1 液面レベル計……………………………………………… 92
    3.2.2 レスポンダー方式変位計………………………………… 96
 3.3 測距 ………………………………………………………………… 99
    3.3.1 パルス方式測距モジュール……………………………… 99
    3.3.2 FM−CW 測距モジュール ……………………………… 101
    3.3.3 位相検出形測距モジュール……………………………… 104
    3.3.4 振動測定…………………………………………………… 106
    3.3.5 レベル検出形測距………………………………………… 107
 3.4 レスポンダーシステム …………………………………………… 109
    3.4.1 単純応答システム（Ⅰ）………………………………… 110
    3.4.2 単純応答システム（Ⅱ）………………………………… 111
    3.4.3 単純な符号付加形レスポンダー………………………… 112
    3.4.4 マイクロ波電力伝送形レスポンダー…………………… 113
 3.5 含水率測定装置 …………………………………………………… 117
    3.5.1 マイクロ波損失測定による含水率計測………………… 118
    3.5.2 遅延位相測定による含水率計測………………………… 120
    3.5.3 損失と遅延測定による含水率測定……………………… 121
 3.6 電界強度測定 ……………………………………………………… 122
 3.7 水蒸気測定 ………………………………………………………… 124
 3.8 異物検出 …………………………………………………………… 126
 3.9 パターン認識 ……………………………………………………… 128
 3.10 その他の応用 ……………………………………………………… 130
    3.10.1 粉体流量測定……………………………………………… 130
    3.10.2 内容物検出装置…………………………………………… 132
    3.10.3 トラッキングセンサー…………………………………… 133

3.10.4　マイクロ波温度計 ………………………………………… 133
第4章　マイクロ波応用主要技術 ……………………………………… 137
　4.1　マイクロ波の位相測定 ……………………………………………… 137
　4.2　マイクロ波振幅測定 ………………………………………………… 140
　4.3　送受信波分離技術 …………………………………………………… 143
付録： ……………………………………………………………………… 147
　1.　Sパラメータとネットワークアナライザー ……………………… 147
　2.　反射係数と電圧定在波比－負荷の整合 …………………………… 148
　3.　立体回路と平面回路 ………………………………………………… 149
　4.　マイクロ波線路のモード …………………………………………… 152
　5.　誘電体共振器 ………………………………………………………… 152
　6.　ダイバシティ方式 …………………………………………………… 153
　7.　開口効率 ……………………………………………………………… 153
　8.　半導体デバイスの等価回路 ………………………………………… 154
　9.　VCO …………………………………………………………………… 156
　10.　側帯波 ………………………………………………………………… 156
（参考文献） ………………………………………………………………… 157
あとがき ……………………………………………………………………… 158
索　　引 ……………………………………………………………………… 159

はじめに

　無線周波数が高くなり，マイクロ波帯に及ぶと，周波数が高いことによる様々な特徴により，その特徴を利用して，いろいろな応用分野が広がるであろうことは予測されていたが，その応用分野を妨げていたものはマイクロ波発生技術であった．マイクロ波の発生は当初，マグネトロンやクライストロン等の電子管により行われ，その応用分野としては軍用レーダや通信が主なるものであったが，これらの真空管を用いた装置は経済性，信頼性あるいは大型であるなどの問題が有り，一般に普及するには至らなかった．

　これら諸問題を解決する技術としてマイクロ波の発生を半導体により行うことが必要であったが，いわゆるマイクロ波の固体化は他の装置類の固体化に比べて遅れていたが，ようやく100〔GHz〕程度までの固体化技術が実用レベルで完了し，種々の応用展開が可能となり，衛星放送衛星通信あるいは地上では携帯電話を始めとして各種マイクロ波を用いたシステム構築が盛んに行われることとなった．

　本書は放送や通信以外の小電力マイクロ波応用について様々な分野への応用例を紹介したものである．

1.　無線周波数

　無線を利用した放送や通信に用いられる周波数範囲は，極めて広範囲であるので，それぞれの帯域に各種の名称が付されている．表1.1，表1.2，表1.3に代表的な分類と名称を示す．

　表1.1は全周波数に渡る分類であり，1〔GHz〕以下ではこの分類が使われることが多い．表1.2はマイクロ波帯を細分化した名称であり，LバンドからKバンドまではこの分類が使用されることが多い．最近では自動車用のレーダとして70〔GHz〕帯が利用されることになり，表1.2では70GHz帯は分類されていないので，業界識別記号として用いられる表1.3のQ, V, Wバンドの名称を40〔GHz〕以上で用いることが多くなっている．

表 1.1　電波の種類と名称（全周波数）

電磁波	名　　　称	周波数範囲	通称名
VLF	very low frequency	10 〜 30 kHz	長波
LF	low frequency	30 〜 300 kHz	中波
MF	medium frequency	300 〜 3000 kHz	
HF	high frequency	3 〜 30 MHz	中短波 短波 超短波
VHF	very high frequency	30 〜 300 MHz	
UHF	ultra high frequency	300 〜 3000 MHz	マイクロ波（極超短波）
SHF	super high frequency	3 〜 30 GHz	
EHF	extremely high frequency	30 〜 300 GHz	

表 1.2　電波の種類と名称（マイクロ波1）

名　　称	周波数範囲	波長範囲
L band	1〜2 GHz	30〜15 cm
S band	2〜4 GHz	15〜7.5 cm
C band	4〜8 GHz	7.5〜3.75 cm
X band	8〜12 GHz	3.75〜2.5 cm
Ku band	12〜18 GHz	2.5〜1.66 cm
K band	18〜26 GHz	1.66〜1.15 cm
Ka band	26〜40 GHz	1.15〜0.75 cm

表 1.3　電波の種類と名称（マイクロ波2）

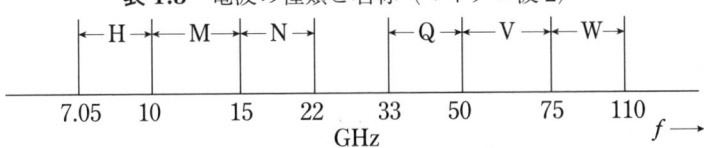

また 1 〜 3 〔GHz〕を準マイクロ波，10 〜 30 〔GHz〕を準ミリ波と呼ぶことがあるが，それぞれ厳密なものではなく，また国により多少異なっている．表 1.1 ではマイクロ波を 300 〔Mz〕から 300 〔GHz〕と分類しているが，通常マイクロ波帯を 1 〔GHz〕から 30 〔GHz〕まで，ミリ波帯を 30 〔GHz〕以上 300 〔GHz〕までと分類することが多いので，本書でもそれに従うものとする．

2. マイクロ波応用で使用する周波数

電波はその使用に当っては電波法に従って利用する必要が有る．世界の電波に関する規定は国際電気通信連合無線通信部門（ITU-R, International Union-Radio Committee）により管理されており，基本的枠組みはここで決定されるが，各国ではそれぞれの事情により，電波法を制定しており，国により異なるので，電波を用いた機器はその国の国内法に従うことが必要である．

マイクロ波応用では，大別すると，2つの利用方法が有り，1つは装置内部から外部に電波として放射しないものと，もう1つは空間に電波として放射する必要の有るものとがあり，前者は放射量を一定値以下にすることにより，内部では如何に高電力であろうと電波法での規制を受けることは無い．

電子レンジやマイクロ波工業加熱装置などはその例であるが，外部への漏洩分に付いては電波法の規制に従う必要がある．

一方空間に電波の放射をすることにより動作する応用分野では電波法による規定に従う必要が有る．電波法では周波数帯の割り当てが用途毎に配分されており，その用途以外では自由に使うことが出来ないので，工業（Industry）科学（Science）医学（Medical）の分野で自由に使用できる周波数を指定しており，これを ISM 周波数として規定している．

この周波数を表 2.1 に示す．

この表に示された周波数についても国により多少異なっており，ある国では特定の ISM 周波数を許可していないことも有る．

特に大電力を扱う加熱装置については，外部へ漏洩する電波を一般規制値（電波法第 65 条）以下に遮蔽することは非常にコストを要するので，この ISM 周波数を用いることが多い．また最近では電波法以外にも生体への影響を考慮した電力強度限界値が定められているので注意しなければならない．

放射電波の強度も国により異なっているので，その装置の使用される国

表 2.1　ISM 周波数帯

中心周波数（MHz）	周波数帯（MHz）
6.780	6.765 〜 6.795
13.560	13.553 〜 13.56
27.120	26.957 〜 27.283
40.680	40.66 〜 40.70
433.920	433.05 〜 434.79
915.000	902 〜 928
2 450	2 400 〜 2 500
5 800	5 725 〜 5 875
10 525	10 500 〜 10 550
24 125	24 000 〜 24 250
61 250	61 000 〜 61 500
122 500	122 000 〜 123 000
245 000	244 000 〜 246 000

の規定値に従うことが必要である．

　特に近年は通信の用途が拡張するのに従って，あるいは通信用周波数帯の不足を生じており，ISM 用周波数の通信への転用が行われつつあり，使用する電波の動向を注意して電波諸元の設計を行うことが必要である．

3.　マイクロ波の応用分野

　無線周波数が高くなり，マイクロ波帯になると周波数が高いことにより低周波では現れなかったマイクロは特有の現象が顕著となる．まずマイクロ波帯での波長がセンチメートル程度であるので，回路や電子部品の大きさがマイクロ波の波長に対して同程度になると，分布定数として扱う必要が有り，伝送線も同軸線路の他に導波管あるいはストリップライン等の分布定数線路を用いることが多い．波長が短いことにより容易に小型の指向性アンテナが実現できることはマイクロ波の応用面で有利な点である．

　又マイクロ波は誘電体により損失を受けるので，この効果はいろいろな応用分野を広げており，電子レンジや工業的な加熱装置に利用されている．この他にもマイクロ波の殺菌作用，化学反応促進効果など，広い範囲で応

用が進んでいる．

　マイクロ波応用をその電力により分類すると，大電力応用，中電力応用，小電力応用に分けることができる．これらの応用分野の概要を表 3.1 に示してある．

　ここで大電力応用では数 kW から数 MW のマイクロ波出力電力を扱う．このような高出力のマイクロ波を得るためには電子管を用いている．

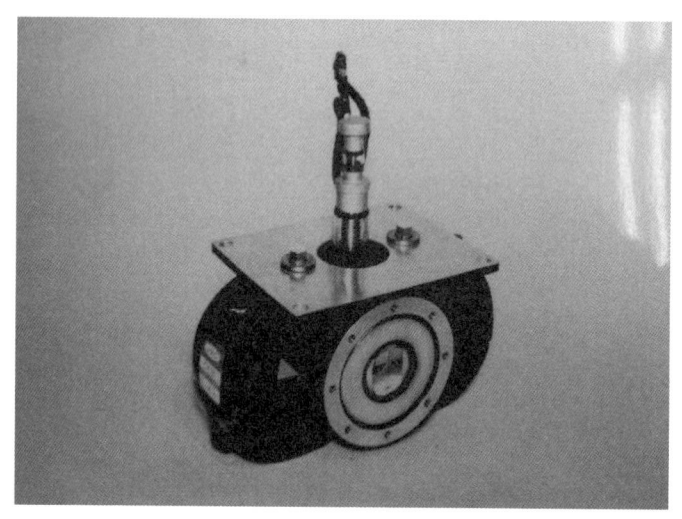

写真 3.1　大電力レーダ用マグネトロン

　写真 3.1 は大電力レーダ用のマグネトロンの一例を示す．

　この分野のマイクロ波応用は前著「工業用マイクロ波応用技術」で扱ったマイクロ波工業加熱や電子レンジを初めとしてライナック，大型レーダ，あるいは最近のテーマとして宇宙発電におけるマイクロ波による電力伝送なども検討されている．

　中電力応用ではマイクロ波出力として，数 W から kW オーダーまでの電力を扱い，この分野の応用としては衛星放送や，通信に用いられており，近年は地上通信として携帯電話などにも利用されている．

　小電力の応用はマイクロ波出力として数 mW からせいぜい 1W 以下の電力範囲のものであり，この分野での応用は近年，マイクロ波半導体の進

歩により，小型・低消費電力でなおかつ安価なマイクロ波送受信装置が実現できるようになったことにより従来高価なために実現できなかったマイクロ波応用が急速に進みつつある．

表 3.1　電力別マイクロ波応用分野とマイクロ波源

	マイクロ波源	応用分野
大電力応用	マグネトロン クライストロン アンプリトロン	マイクロ波加熱 プラズマ加熱 マイクロ波電力伝送 岩石破砕 レーダ 電子レンジ 他
中電力応用	進行波管 半導体デバイス各種	衛星放送 衛星通信 地上通信 小型レーダ 医療機器 他
小電力応用	半導体デバイス各種	近距離レーダ センサー（各種） レスポンダーシステム 他

　本書はこの小電力応用の分野の各種応用について取りまとめたものであり，その内容は筆者らにより全て実際に装置化されたものである．

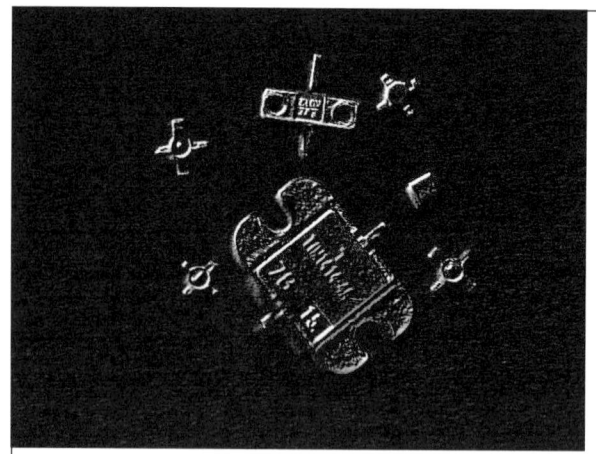

● 第1章 ●
マイクロ波素子とマイクロ波コンポーネント

　周波数が 1〔GHz〕～ 30〔GHz〕の領域をマイクロ波帯とすると，この周波数帯での波長はセンチメートル単位となり，回路寸法と同程度となる．このような波長での回路は分布定数回路として扱われる．

　分布定数回路として扱われるものとして導波管回路，同軸線回路，ストリップライン回路が用いられており，導波管回路は主に高電力，低損失伝送線として用いられるが，大型化が避けられないので特殊な用途以外では用いられなくなった．同軸線あるいはストリップラインは導波管に比べ小型化が可能であり，中電力，小電力用として利用されるが，ストリップラインはその構造上の利点である基板上に回路を印刷できることと半導体デバイスあるいは R,L,C 部品をストリップラインに直結できることから多くの分野で普及している．

　このストリップライン回路と半導体部品，集中定数回路部品を基板上に構成した回路を MIC(Microwave Integrated Circuit) と言い，マイクロ波回路の多くを半導体上で実現したものを MMIC(Monolithic Microwave

Integrated Circuit) と呼び，より集積度を高めることが出来る．本書のマイクロ波応用で用いる回路構成は主に MIC 回路で実現できるものである．

MIC 回路も分布定数回路として扱うと波長定数に依存した大きさとなるので，特に 1~3GHz 帯では波長が長い為，回路が大きくなるので，小型の R,L,C 部品を用いた集中定数回路素子を用いて回路の小型化を図ることが多い．

1.1 マイクロ波線形回路素子

周波数が高くなり，マイクロ波帯になると回路を構成する線形部品もその部品を搭載する基板も低周波では問題とならなかった諸特性が変化する．その主たるものは回路部品あるいは基板のマイクロ波損失が増加することと，その部品の形状によりマイクロ波の位相が変化し，所定の性能が得られなくなること，あるいは浮遊容量による定数の変化などが挙げられる．この為マイクロ波帯に用いるこれらの部品については注意深い選定が必要となることと，それらの使用方法の吟味が必要である．

1.1.1　*R, L, C* 素子

L, C 回路は分布定数回路でも設計できるが，ここでは集中定数形素子について述べる．

この種の素子はほとんどが MIC 基板に搭載可能となっており，チップ形素子として実用化されている．
形状を図 1.1.1.1 に示す．

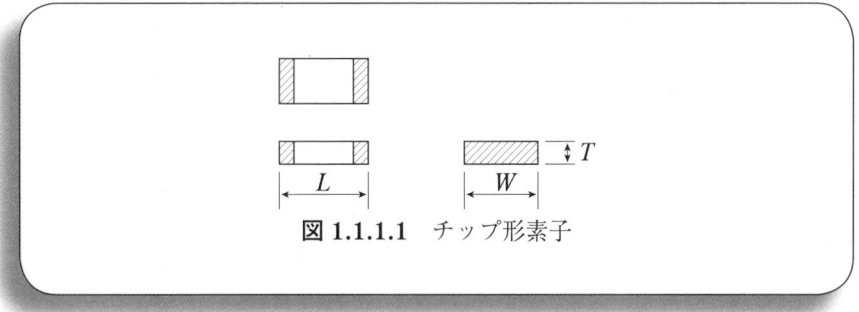

図 1.1.1.1　チップ形素子

これらのチップ型素子は小型化が進み L=0.6,W=0.3,T=0.3〔mm〕程度の寸法を達成しており，これらの小型化された素子は 10〔GHz〕程度までは波長に比べて小さなものであるので集中定数の素子として利用出来，分布定数で達成出来る大きさよりもかなり回路を小型化することが可能である．

チップコンデンサー，チップコイルについては，バイパスコンデンサーのような，ある程度大きな容量あるいはインダクタであれば使用できるものと，回路定数として何 pF あるいは何 nH と設計値で定められるものについては指定された値の許容範囲を明確にすることが必要である．コンデンサーあるいはコイルについては損失が問題となるので，使用可能周波数についても各メーカーの仕様を確認することが重要である．

各種チップ部品を写真 1.1.1.1 に示す．

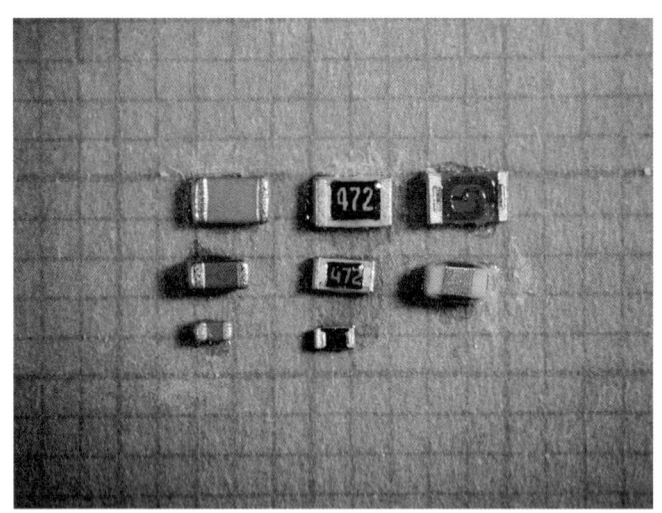

写真 1.1.1.1 各種チップ部品

1.1.2 マイクロ波用基板

マイクロ波応用装置で用いる回路は，そのほとんどが MIC 構成であり，プリント基板上に分布定数回路，集中定数回路で設計されるので，それに用いられるプリント基板の選定は装置性能に影響を与える．

この基板の選定に当って第一に重要な点は使用周波数に対するマイクロ

波の伝送損失である．

それ故この伝送損失の値を低くする為にガラス，テフロン，セラミックス，それらの混合材などを用いた多種多様な基板が開発されており，選定の自由度も広がっている．

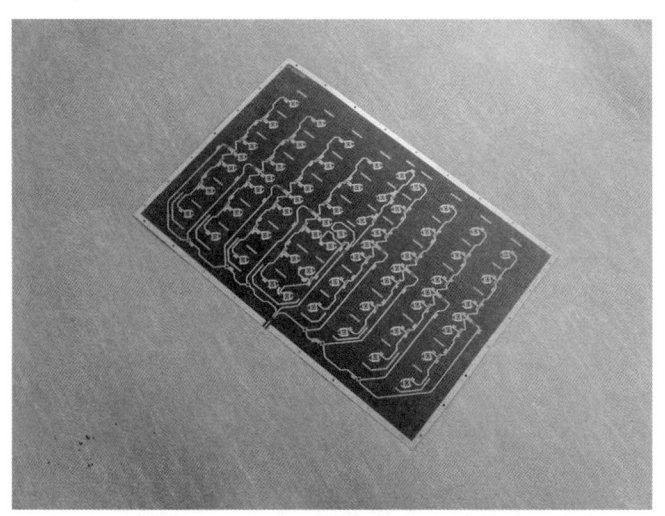

写真 1.1.2.1 マイクロ波用テフロン基板の例

図 1.1.2.1 に代表的テフロン基板の周波数に対する挿入損失のグラフを，

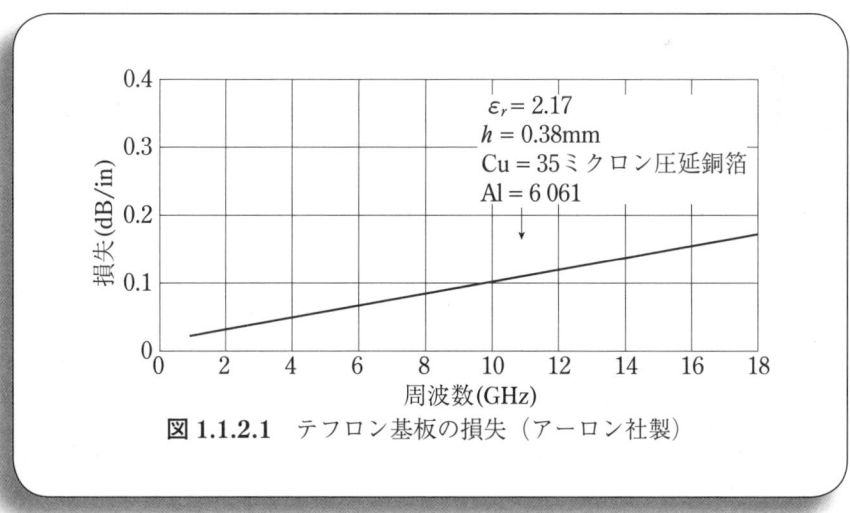

図 1.1.2.1 テフロン基板の損失（アーロン社製）

テフロン基板を写真 1.1.2.1 に示す．

この図に示した値は大変よい値であり，26〔GHz〕帯まで十分に使用することが出来る．

最近の傾向として半導体素子の性能向上と低価格化が進み，発振出力を大きくすることや低雑音増幅器が容易に利用できることから，かつてほどに基板の損失を小さくする必要が少なくなり，マイクロ波応用では特別な要求がない限り，14〔GHz〕帯程度まではガラス基板，26〔GHz〕あたりまではテフロン基板，あるいはそれに準ずる高分子素材を用いた基板，それ以上ではセラミック系の基板を用いている．

1.2 マイクロ波半導体素子

高速高周波帯での半導体デバイスの技術的革新が進み，従来高周波，特にマイクロ波・ミリ波帯における装置を実現する場合に，これらの帯域での半導体デバイスの入手の難しさとその価格に問題があり，ともすると研究開発レベルにとどまることが多かったが，近年はそれらの問題も 100〔GHz〕程度までは実用化が可能となった．

ここではこれらの半導体デバイスについて実用レベルで装置を実現する為の必要最小限のデバイスについて説明する．

1.2.1 発振用素子

マイクロ波の応用装置で利用する周波数範囲は用途に応じて最適な周波数で実現する必要があるが，マイクロ波を空間に放射する場合には電波法の規制に従う制約がある．最近の高周波化の技術革新は急速であり，利用できる周波数もマイクロ波帯からミリ波帯に及んでいる．

半導体によるマイクロ波ミリ波帯の発振用デバイスは三端子素子と二端子素子のデバイスが実用化されている．三端子素子ではバイポーラトランジスタとユニポーラトランジスタとがある．ユニポーラトランジスタはその動作原理から電界効果トランジスタあるいは FET と呼ぶ場合が多い．バイポーラトランジスタは npn 形と pnp 形があるが，高周波用としては

キャリアの移動度の大きな npn 形が用いられている．

二端子素子の発振用の半導体デバイスとしてはインパットダイオードとガンダイオードが用いられる．

インパットダイオードは電子流の雪崩降伏による発振デバイスであり，自励形発振器を構成したとき雑音特性が悪い．この為にインパットダイオードを用いる場合には注入同期型の発振器とする必要がある．

ガンダイオードは化合物半導体のバルク中に発生する電子群の走行時間効果を用いた発振デバイスであり雑音特性はインパットダイオードに比較すると桁違いに優れており，通常は自励形発振器として利用できる．

特にガンダイオードは 10〔GHz〕帯用からミリ波帯用まで，広い範囲にわたり実用化されており比較的簡単な発振回路により発振器を構成できるので広く利用されている．

ここでは現在入手可能でしかも経済的な素子として 2〜3 の例を示す．

- バイポーラトランジスタ

   MODEL BFP540

   INFINEON 社製（独）　　　　　　　　$T_A = 25℃$

項目		記号	条件	値			単位
				最小	標準	最大	
動作周波数		f_T		21	30	—	GHz
コレクタ・ベース容量		C_{cb}		—	0.14	0.24	pF
コレクタ・エミッタ容量		C_{ce}		—	0.33	—	
エミッタ・ベース容量		C_{eb}		—	0.65	—	
雑音指	$f = 1.8$ GHz	F		—	0.9	1.4	dB
	$f = 3$ GHz			—	1.3	—	
電力利得（最安定点）		G_{ms}		—	21.5	—	dB
最大有能電力利得		G_{ma}		—	16	—	dB
伝達利得	$f = 1.8$ GHz	$|S_{21e}|^2$		16	18.5	—	dB
	$f = 3$ GHz			—	14.5	—	
三次 IP		IP_3		—	24.5	—	dBm
1dBGCP		P_{-1db}		—	11	—	

本素子により，発振周波数 24〔GHz〕，発振出力 0〔dBm〕(1〔mW〕) を実現できる．

その他のメーカー製品例として

・NEC 社製（日本）NESG2031M05

・東芝社製（日本）MT4S102T

等がある．

- 電界効果トランジスタ

    MODEL MGF1302

    三菱電機製（日本）

項　目	記号	条件	値			単位
			最小	標準	最大	
ゲート・ドレイン降伏電圧	V_{GDO}		−6	—	—	V
ゲート・ソース降伏電圧	V_{GSO}		−6	—	—	V
ゲート漏れ電流	I_{GSS}		—	—	10	μA
飽和ドレイン電流	I_{DSS}		30	—	100	mA
ゲート・ソース間遮断電圧	V_{GS}		−0.3	—	−3.5	V
相互コンダクタンス	g_m		25	45	—	mS
雑音最小電力利得	G_S	12GHz	5	—	—	dB
雑　音　指	NF_{min}	12GHz	—	—	4.0	dB
熱　抵　抗	R_{th}		—	—	416	℃/W

本素子により 12〔GHz〕，発振出力 5〔dBm〕(3〔mW〕) を得ることが出来る．

その他のメーカー・製品例として

・三洋電機社製（日本）2SK1646

・ユーディナ・デバイス社製（日本）FSX017LG

・Excelics Semiconductor 社製（米国）EFA018A(CHIP)

等がある．

写真 1.2.1.1，写真 1.2.1.2 にトランジスタ FET とガンダイオードを示す．

1.2 マイクロ波半導体素子

写真 1.2.1.1　トランジスタ FET 各種

写真 1.2.1.2　ガンダイオード

ガンダイオードのメーカー・製品例として

　・Microwave Device Technology(MDT) 社製 (米国）MG1013–16
　・同，MG1052–11

等がある．

1.2.2 増幅用素子

増幅用半導体は低雑音増幅用素子と中電力増幅用及び電力増幅用素子がある．

低雑音増幅用半導体デバイスは放送衛星からの微弱なマイクロ波の受信用として優れたデバイスが開発されており，これらの素子を用いて Ku 帯までは低雑音増幅器を利用することが出来る．

そのデバイスの例を示す．

- ヘテロ接合型電界効果トランジスタ
 MODEL NE3210S01
 NEC 製（日本）

項目	記号	条件	値 最小	値 標準	値 最大	単位
ゲート・ソース間漏れ電流	I_{GSO}	$V_{GS}=-3V$	—	0.5	10	μA
ドレイン電流	I_{DSS}	$V_{DS}=2V, V_{GS}=0V$	15	40	70	mA
ゲート・ソース間カットオフ電圧	$V_{GS(off)}$	$V_{DS}=2V, I_{DS}=100\mu A$	−0.2	−0.7	−2.0	V
相互コンダクタンス	g_m	$V_{DS}=2V, I_{DS}=10mA$	40	55	—	ms
雑音指数	NF	$V_{DS}=2V, I_{DS}=10mA,$ $f=12GHz$	—	0.35	0.45	dB
NF 最小時利得	Ga		12.0	13.5	—	dB

その他のメーカー・製品例として
- ・ユーディナ・デバイス社製（日本）FHX76LP
- ・三菱電機社製（日本）MGF4953A

等がある

小電力マイクロ波応用装置においては高出力を必要とせず，発振器出力をそのまま利用できるので，電力増幅用半導体デバイスを用いることはない．増幅器を利用する例としては発振周波数の安定化，あるいは発振出力の安定化の為に用いる緩衝用増幅器があるが，これに用いる増幅用半導体素子としては上記に示した半導体デバイスを用いることができる．

1.2.3　受信用素子

マイクロ波の受信方式は装置の要求する受信感度により決定されるが，最も感度の高い方法として受信波を低雑音増幅する方式が採用される．この方式が容易に採用できる周波数は現状 10〔GHz〕帯までであり，それに用いられる半導体デバイスは 1.2.2 で示した NE3210S01 を用いることができる．周波数が 20〔GHz〕帯をこえ，ミリ波帯になると優れた低雑音増幅用半導体デバイスを容易に入手することが出来ない．この場合にはショットキーバリアダイオード（SBD）を用いることが出来る．このダイオードは直接マイクロ波を検波し直流変換して，ベースバンド信号を取り出すことが出来る．この場合の感度はいわゆる接線感度として −50dBm 程度である．もう一つの使用方法は局部発振器を用いてミキサーとしての使い方であり，周波数変換を行うものである．この場合の感度は −90dBm 程度の受性性能を得ることが可能である．

現在使用可能なショットキーバリアダイオードの一例を下記に示す．

- ショットキーバリアダイオード（SBD）

    MODEL SGD102

    三洋電機 製（日本）　　　　　　　　Ta=25℃

項　目	略号	条　件	値 最小	値 標準	値 最大	単位
順電圧	V_F	I_F=20mA	−	0.8	0.9	V
逆電圧	V_R	I_R=10 μ A	4.0	6.0	−	F
総容量	C_t	V=0,f=1MHz	−	0.3	0.4	pF
直列抵抗	R_S	I_F=20mA	−	1.5	3.0	Ω

その他のメーカー・製品例として

　・アジレント・テクノロジー社製（米国）HSMS−8101

　・e2v technology 社製（英国）DC1332

等がある

1.2.4　変調用素子

通常マイクロ波応用装置では各種の変調を用途に応じて加える必要がある．変調方式は

- 振幅変調
- 周波数変調
- 位相変調

が基本であり，必要に応じて組み合わせた変調を行う．変調を行う場合に低周波領域で変調を加え，アップコンバータによりマイクロ波領域の周波数に変換する方法もあるが，この場合に用いられる変調デバイスは低周波領域であり，各種の低周波半導体デバイスが実用化されているのでここでは記さない．

マイクロ波領域で直接発振させ，それに何らかの変調を加える場合のデバイスは制約を受ける．

振幅変調を行うデバイスとしては 1.1.1，1.1.2 項で示した FET，あるいはバイポーラトランジスタを利用することができる．

この他に 2 端子素子として PIN ダイオードも利用出来る．その一例を示す．

- PIN ダイオード

    MODEL HSMP489X

    アジレントテクノロジー製（米国）

項目	記号	条件	値 最小	値 標準	値 最大	単位
降伏電圧	V_{BR}	$V_R=V_{BR}, I_R \leq 10 \mu A$	100	—	—	V
直列抵抗	R_S	$I_F=5mA$	—	—	2.5	Ω
総容量	C_T	$f=1MHz, V_R=5V$	—	0.33	0.375	pF
総インダクタンス	L_T	$f=500MHz\sim3GHz$	—	1.0	—	nH

その他のメーカー・製品例として

・e2v technology 社製（英国）DC2610A

・AEROFLEX　METELICS 社製（米国）SMPN7320

等がある．

周波数変調ではバラクタダイオード（可変容量ダイオード）が用いられることが多いが，その一例を示す．

- バラクタダイオード

    MODEL GMV7811-000

    SKYWORKS SOLUTION 製（米国）

項　　目	記号	条　件	値 最小	値 標準	値 最大	単位
逆耐圧	V_B	I_R=10 μA	18	—	—	V
漏れ電流	I_R	V_B=14.4V	—	—	100	nA
動作電圧範囲	V_{OP}		2	—	12	V
接合容量	C_J	V_B=4V	0.4	—	0.6	pF
容量変化比	—	V_B=2-12V	—	3.63	4.43	RATIO
Q	Q	V_B=4V, f=50MHz	—	4000	—	—

その他のメーカー・製品例として

・AEROFLEX　METELICS 社製（米国）MGV-075-10

・Micrometrics 社製（米国）MHV-500 シリーズ

等がある．

このダイオードを用いることにより 2〔GHz〕帯まで利用することができる．

位相変調器は損失特性，インピーダンス特性に優れたデバイスがなく，FETを用いたスイッチと伝送路を組み合わせた移相器により位相変調するのが一般的であり，この方式を用いる場合は 1.1.1，1.1.2 項で示した FET がそのまま利用できる．

1.3　発振器

装置を構成する上でマイクロ波発振器は，送信用発振器としてあるいは，

ヘテロダイン受信器における局部発振器として用いられる．

発振器は用途に応じて種々のものが実用化されている．発振器を構成する主要なデバイスは半導体と発振周波数を決定する共振器である．まず半導体デバイスとしては，

- 3端子素子として
    バイポーラトランジスタ
    FET
- 2端子素子として
    ガンダイオード
    インパットダイオード

が用いられる．

共振器については周波数の安定性，雑音特性を決める上で重要な役割を果たすものであるが，装置の要求により使い分ける必要がある．
共振器として利用される主なものは

- 水晶共振器
- 誘電体共振器
- 金属キャビティ共振器
- 伝送線路共振器

が挙げられる．

ほとんどの発振器はこれらの半導体と共振器の組み合わせにより構成される．

用途によっては発振器としては単一の周波数の発振だけではなく，周波数変調形あるいは振幅変調形の発振器も必要となる．
応用装置においてよく利用される発振器について以下に説明する．

1.3.1 水晶発振器

圧電性の水晶は機械振動子として動作し，温度変化に対する発振周波数の安定性に優れている．

この為に装置として温度に対して安定な周波数を必要とする場合に利用

される．（Xtal OSC. と表示されることもある．）

温度に対する安定性は 10^{-6}/℃から温度補償回路などの対応をすることにより 10^{-8}/℃程度の安定度を確保できる．

但し水晶振動子はマイクロ波帯で直接発振を行うことが出来ない．

水晶発振器として安定に動作する周波数は高々 100〔MHz〕程度であり，それ以上の周波数では安定性も雑音特性も劣化する．

従って水晶発振器の周波数安定性を維持し，マイクロ波帯の周波数を得るためには周波数逓倍を行うか，PLL 方式の発振回路を構成することが必要である．

図 1.3.1.1 に代表的なコルピッツ形の発振器回路を示す．

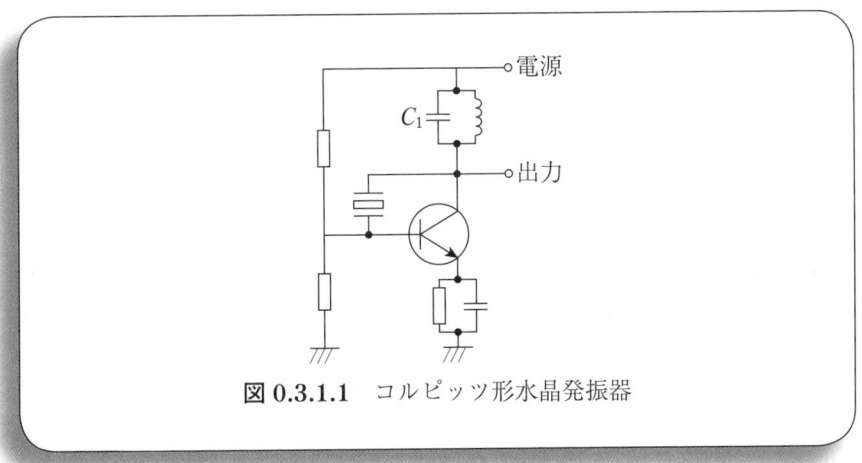

図 0.3.1.1 コルピッツ形水晶発振器

図 1.3.1.1 において C_1 を調整することにより周波数を所定の周波数に合わせることが出来る．この C_1 に並列あるいは直列に可変容量ダイオードを接続すると周波数変調を加えることが可能である．

1.3.2 誘電体共振器を用いた発振器

共振器として誘電体共振器を用いた発振器は DRO（Dielectric Resonator Oscillator）として広く利用されている．

誘電体共振器はマイクロ波帯において大きな誘電率と低損失の誘電体材料により作られており，図 1.3.2.1 の如く一般に円筒形の構造となっている．

これが共振器として動作する原理はマイクロ波帯の電磁界がほぼ誘電体内に閉じ込められ，空洞として動作するからである．

この共振器も金属キャビティと同様バルク構造であるので種々のモードが存在する．

図 1.3.2.1　誘電体共振器

実際の発振器の一例を図 1.3.2.2 に示す．誘電体共振器とストリップラインとの結合は図において l_1 と l_2 を制御することによって行うが，この調整は発振器の安定性，出力電力あるいは雑音に密接に関係するので注意を要する．

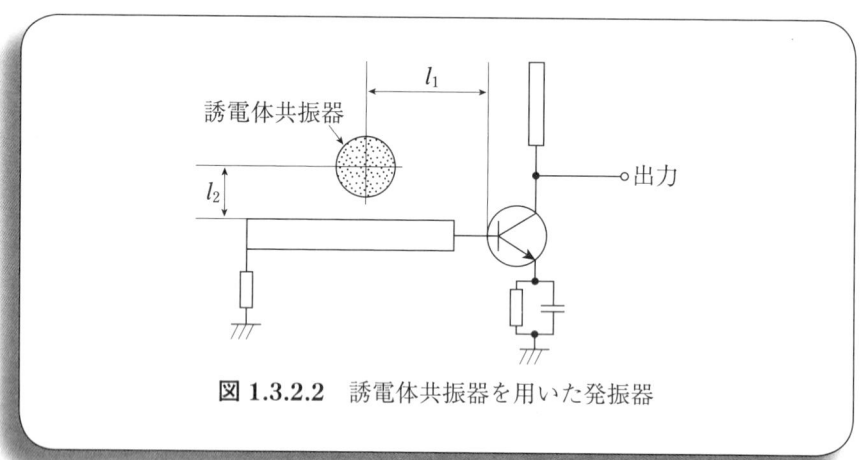

図 1.3.2.2　誘電体共振器を用いた発振器

DRO はマイクロ波帯で直接発振が出来ることと周波数安定性あるいは雑音特性についても良好な性能を持っているので，マイクロ波応用装置では広範囲に利用することが出来る．一例として 10〔GHz〕帯におけるバイポーラトランジスタによる DRO の性能例を下記に示す．

- 10〔GHz〕帯 DRO 特性
    - 発振周波数　　　10.525〔GHz〕
    - 発振出力 5〔mW〕
    - 周波数安定度　　±2〔MHz〕（−20〔℃〕～60〔℃〕において）
    - 位相雑音 −55〔dBc/Hz〕（1〔kHz〕）
    　　　　　　　　−80〔dBc/Hz〕（10〔kHz〕）
    - 電源電圧 5〔V〕, 25〔mA MAX〕

写真 1.3.2.1 に 10〔GHz〕帯の例を示す．

写真 1.3.2.1

1.3.3 伝送線路共振器を用いた発振器

同軸線路，ストリップライン線路あるいは導波管などの伝送路の一端を開放あるいは短絡とし，他の一端までの長さを制御すると $\lambda/4$ 共振器あるいは $\lambda/2$ 共振器として動作し，その点に半導体素子を結合することにより，比較的容易に発振器を構成できる．

この伝送線共振器を用いた発振器はストリップライン伝送路と導波管伝送路が良く用いられ，同軸線伝送路は特殊な場合を除いて利用例は少ない．ストリップライン伝送路は半導体の実装とストリップラインとの整合性

が良いので，トランジスタを用いた回路で良く用いられる．

図 1.3.3.1 にその回路構成を示す．

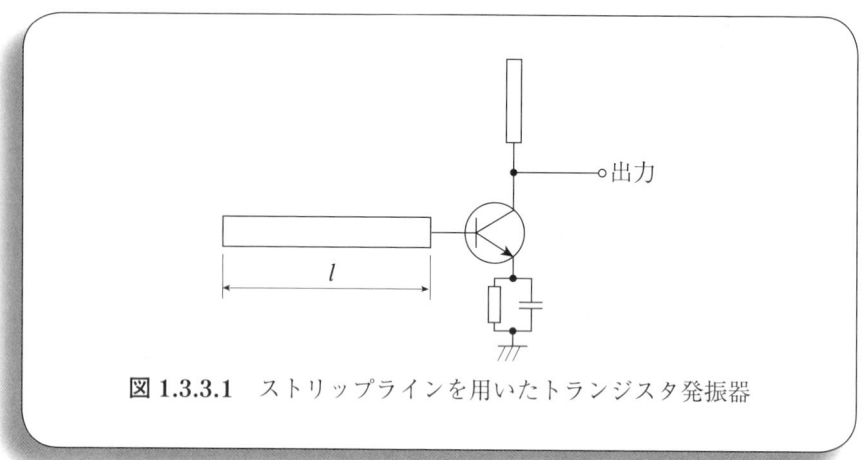

図 1.3.3.1　ストリップラインを用いたトランジスタ発振器

図 1.3.3.1 においてストリップラインの長さ l の調整をすることにより発振周波数の制御を行うことが出来る．

導波管伝送路を共振器として用いる発振器は主にガンダイオード，あるいはインパットダイオードなどの 2 端子形半導体で用いられるケースが多い．これらの半導体は図 1.3.3.2 に示すように，ピル形パッケージに封入されているものが使いやすい．

図 1.3.3.2　ピル形パッケージ

この理由の一つはガンダイオードあるいはインパットダイオードは比較的大きな電流を流すので，放熱を良くする必要があることによる．このタイプのパッケージでは導波管へのマウントがし易いことにより導波管タイプの発振器が実用化されている．但し最近はフリップチップタイプの実用化が進み，

直接ストリップライン上に実装することにより，放熱を良くし共振器としてストリップライン形の共振器あるいはストリップラインと誘電体共振器を結合した誘電体制御形の発振器も用いられるようになっている．

ガンダイオードあるいはインパットダイオードを導波管に装着して発振器を構成する場合には大別して反射形と透過形の発振器があるが，構造が簡単な反射形発振器が多い．ガンダイオードを用いた反射形の導波管発振器を図 1.3.3.3 に示す．

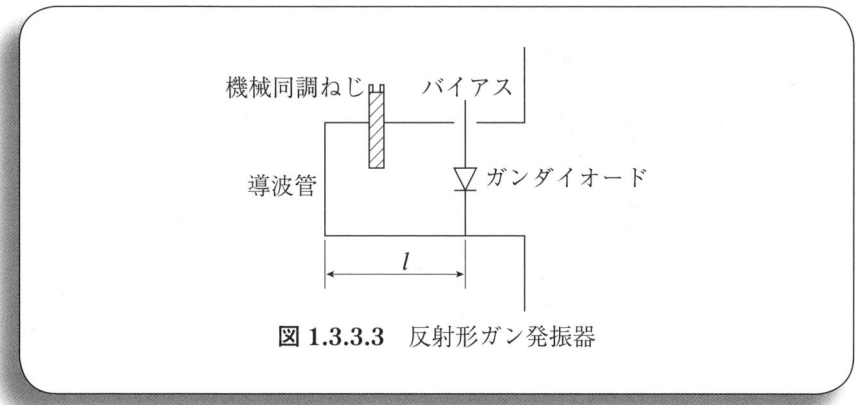

図 1.3.3.3 反射形ガン発振器

図 1.3.3.3 において導波管長 l，ダイードマウント形状寸法，機械同調ねじ部のインピーダンスがダイオードに対し，電流共振をするように設計される．機械同調は 10 〔GHz〕帯の発振器で ± 250〔MHz〕以上の調整をすることが出来る．

電子的に周波数を制御する場合は機械同調の代わりにピル形パッケージ入りのバラクタを装荷し，導波管と結合することにより電子同調を行うことが出来る．

次に 10〔GHz〕帯のガン発振器特性の例を示す．

- 10〔GHz〕帯ガン発振器特性例

  発振周波数　　　10.525〔GHz〕

  出力電力 10〔mW〕

  周波数安定度　　± 30〔MHz〕(−20〔℃〕〜 60〔℃〕)

電源　　　　　　　+10〔V〕，150〔mA MAX〕

実際の導波管形発振器を写真 1.3.3.1 に示す．

写真 1.3.3.1

1.3.4　FM 発振器

マイクロ波応用で用いる発振器においては固定周波数で構成される場合と，用途によっては FM（周波数変調）形の発振器を用いることがある．

高安定形の発振器では水晶発振器により FM を加え，増幅逓倍を行い，マイクロ波帯での FM 発振器とするが，ここではマイクロ波帯の発振器に直接 FM を加える方法についてまとめて説明する．

まず簡単な方法としてバイポーラトランジスタによる発振器の場合には電源電圧を変化させることにより周波数を変えることが出来る．

この理由はトランジスタのベースコレクタの間に形成されている空乏層容量がバラクタとして動作するので電源電圧即ちコレクタ電圧の変化に対して容量変化を起こすので周波数を変えることが出来る．この方法は簡便な方法であり用途としては限定されるが周波数を少しだけ変化させたい場合には有効な方法である．

図 1.3.4.1 に電源電圧と出力電力，周波数帯域幅についての図を示す．

このやり方は便宜的な方法であり，用途が限られるが，一般的な FM 発振器を作るにはバラクタダイオードを用いる．

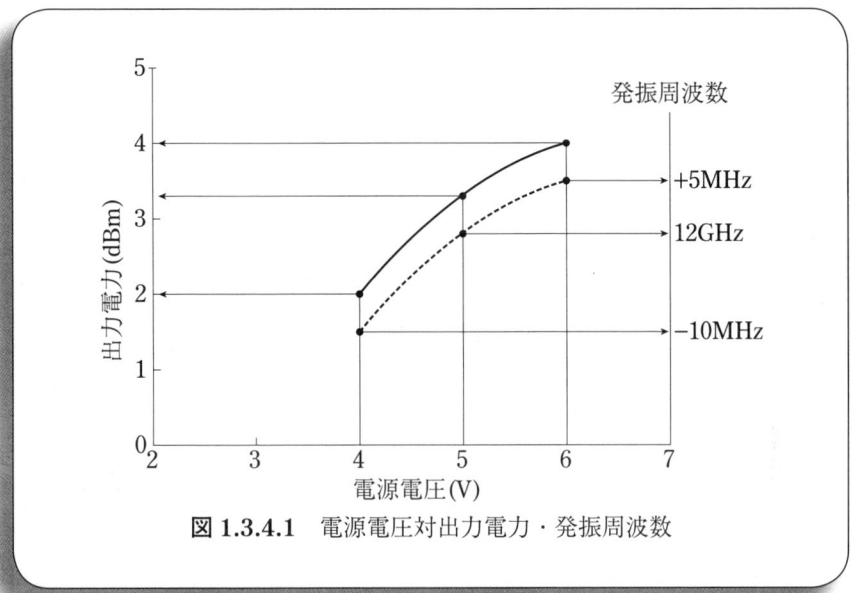

図 1.3.4.1　電源電圧対出力電力・発振周波数

バラクタは PN 接合を逆バイアスした場合にコンデンサーとして動作し，その容量の大きさが印加電圧により変化することを利用するものであるが，これらの可変容量を用いて FM 発振器を構成する場合は共振器の一部にバラクタを結合し，共振周波数を変化させる必要がある．伝送線路共振器との結合の場合を 1.3.4.2 図に示す．

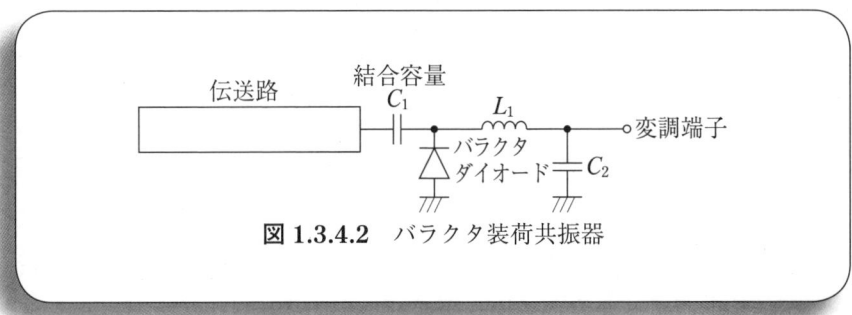

図 1.3.4.2　バラクタ装荷共振器

図において C_1 は結合容量，L_1, C_2 はマイクロ波遮断フィルタを構成する．

バラクタ容量を $C(v)$ とすると，伝送路側から見た結合容量 C_t は

$$C_t = \frac{C_1 C(v)}{C_1 + C(v)}$$

となり，C_1 の制御により，バラクタの結合を密にするか疎にするかを定めることができる．

　誘電体共振器を用いた回路では周波数変調を行う場合にシステム全体から考察する必要がある．即ち誘電体共振器を用いた発振器を構成するからにはシステムへの要請としてはある程度の周波数安定度とスペクトルの良さを求めたものであり，それに FM を加えるとバラクタの温度係数により周波数安定度低下とスペクトルの劣化をきたすのでどの程度の FM を加えるかは応用システムの要求から定める必要がある．

　いずれにせよ誘電体共振器を用いた発振器では周波数変調帯域を広くすることは利点が少ない．

　誘電体共振器とバラクタの結合は 1.3.4.3 図に一例を示す．

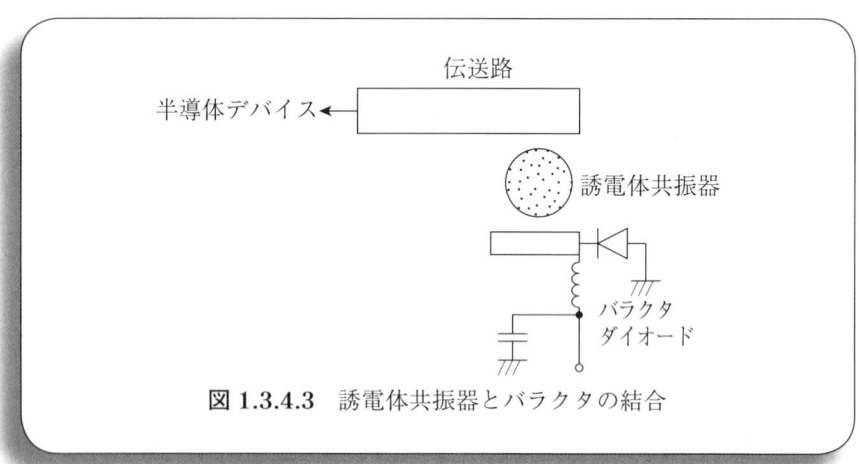

図 1.3.4.3　誘電体共振器とバラクタの結合

　ガンダイオード発振器についてはガン発振器を導波管回路で構成した場合の一例を 1.3.4.4 図に示す．

　導波管内に挿入されたバラクタダイオードの結合はダイオードマウント構造により制御することができる．

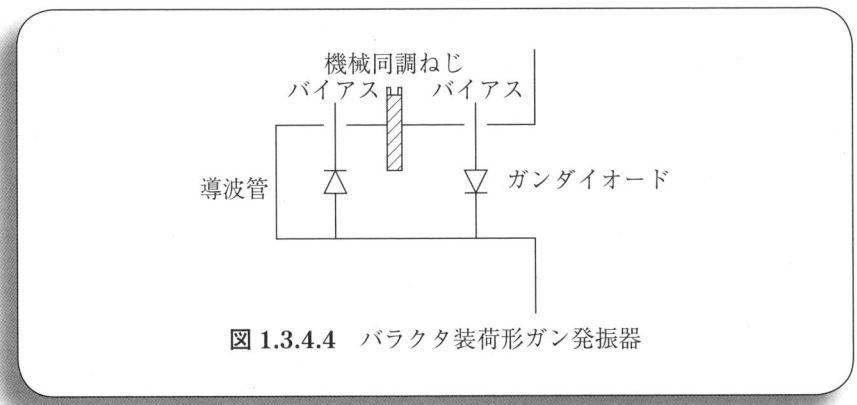

図 1.3.4.4　バラクタ装荷形ガン発振器

1.3.5　PLL 発振器

装置として高安定な発振器を必要とする場合には基準発振器として水晶発振器を用いる.

水晶発振器は数 10〔MHz〕の低周波の発振器であるので，この周波数をマイクロ波帯に上げるには周波数逓倍，増幅，逓倍を繰り返し，所定の周波数に上げることが出来るが，PLL(Phase Lock Loop) 回路はマイクロ波帯の発振器の発振周波数を直接水晶発振器と同等の安定度に制御することが出来る．図 1.3.5.1 に PLL 回路構成を示す．

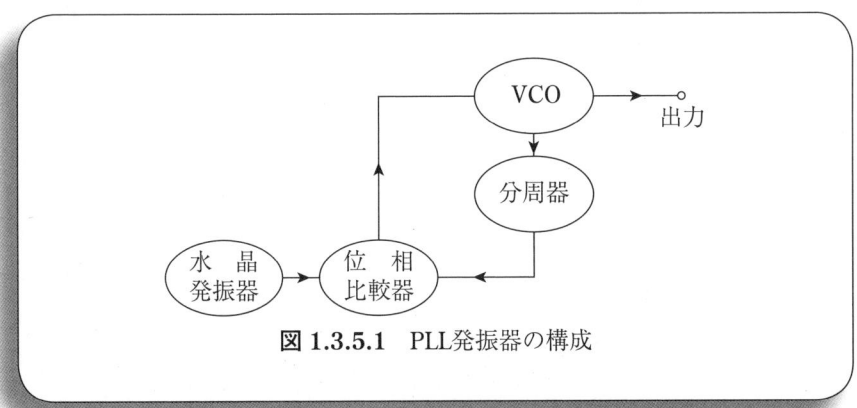

図 1.3.5.1　PLL発振器の構成

図において VCO(Voltage Controlled Oscillator) は必要とするマイクロ波帯の電圧制御型の発振器である．

この発振器の周波数を分周器(発振周波数を分割し,低い周波数に変換する回路)により低い周波数とし,水晶発振器と比較し,その差分がゼロとなるように VCO の周波数を制御する.

分周比を n とし,水晶発振器の周波数を f_x とすると得られるマイクロ波周波数 f_1 は

$$f_1 = n f_x$$

となる.

近年,分周器の動作周波数上限も向上し,15〔GHz〕程度の分周器も実用的に利用出来る段階にある.

1.4 受信機

マイクロ波あるいはミリ波帯において装置を構成する場合に送信電力を大きくすれば感知範囲の拡大,あるいは測定精度の向上を図ることが出来るが,一般に送信電力を大きくすると装置が高価となる.
一方送信電力を空間に放射して利用する場合には電波法による制限があるので,むやみに送信電力を大きくすることが出来ない.そのために受信器の性能を良くすることが求められる.
受信器として広く用いられる方式として
- ホモダイン方式:送信周波数と同じ周波数の局部発振周波数により直接

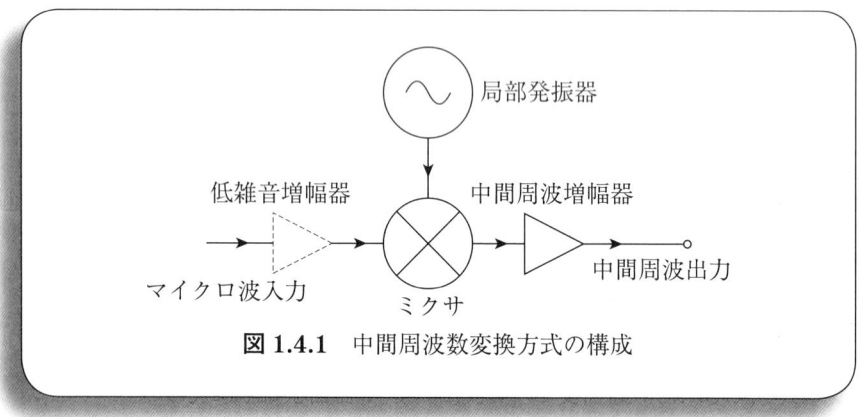

図 1.4.1　中間周波数変換方式の構成

復調を行うやり方で，送信波の一部を局部発振として用いる場合が多い．ドップラーモジュールはこの方式を採用している．

- 中間周波数変換方式：この方式は図 1.4.1 に示すように局部発振器の周波数と受信周波数との差を設定し，その差を増幅の容易な IF（Intermediate frequency）として取り出す方法である．この場合に更に受信感度を向上させるにはマイクロ波帯において低雑音増幅器を挿入することにより性能を上げることが可能である．

1.4.1 低雑音増幅器

マイクロ波受信器の性能を高めるには低雑音増幅器が必要となる．この為のデバイスとして HEMT(High Electron Mobility Transistor) が開発されており，20〔GHz〕程度までは容易に増幅器を組むことが出来，価格においても比較的安価に入手可能である．

これらの素子は 1.2.2 に示したデバイスを用いることが出来る．

増幅器を用いた場合の雑音指数は図 1.4.1.1 に示す如く，利得 G_1 の増幅器出力には入力信号 S_{IN} および入力雑音 N_{IN} の G_1 倍の出力と増幅器自体が発生させる雑音 N_{A1} が雑音に加算される．この N_{A1} を小さくすることにより受信感度を高めることが出来る．

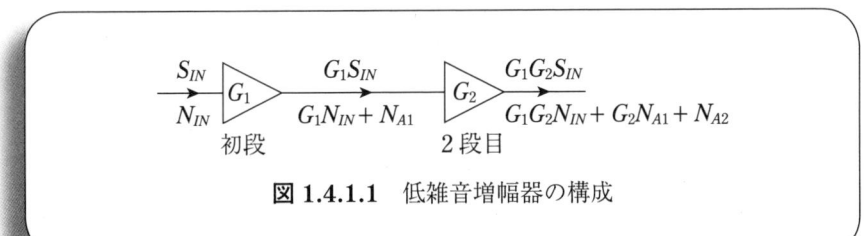

図 1.4.1.1 低雑音増幅器の構成

増幅器を 2 段構成とした場合は図 1.4.1.1 において 2 段目で発生する雑音を N_{A2} とすると G_1 及び G_2 の利得がそれぞれ 10〔dB〕程度であっても

$$N_{A2} \ll G_1 G_2 N_{IN} + G_2 N_{A1}$$

となるので，特に 1 段目の増幅器に雑音指数の低いデバイスを用いることが必要で，2 段目以降の増幅器は雑音指数に関して 1 段目のものよりは悪

1.4.2 ミクサ

20〔GHz〕以上の周波数になると増幅器用の半導体デバイスに関しては実用的なレベルでの入手が困難となる．従ってマイクロ波帯の高い領域からミリ波帯にかけてはミクサ方式での受信が実用的である．

この方式は図 1.4.2.1 に示すように受信周波数を直接ミクサ回路に入力する．

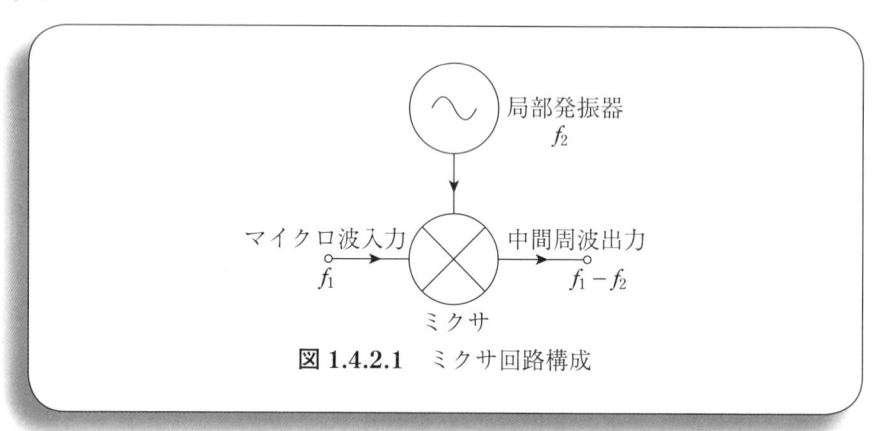

図 1.4.2.1 ミクサ回路構成

（局部発振器 f_2，マイクロ波入力 f_1，中間周波出力 $f_1 - f_2$，ミクサ）

このミクサ回路は受信波と局部発振器出力とを混合して中間周波（IF）出力を得るが，これに用いる半導体デバイスはショットキー・バリア・ダイオード（SBD）が用いられる．

ミクサ回路は用途あるいは周波数帯により種々のものが用いられている．利用される回路はストリップラインと導波管が多い．

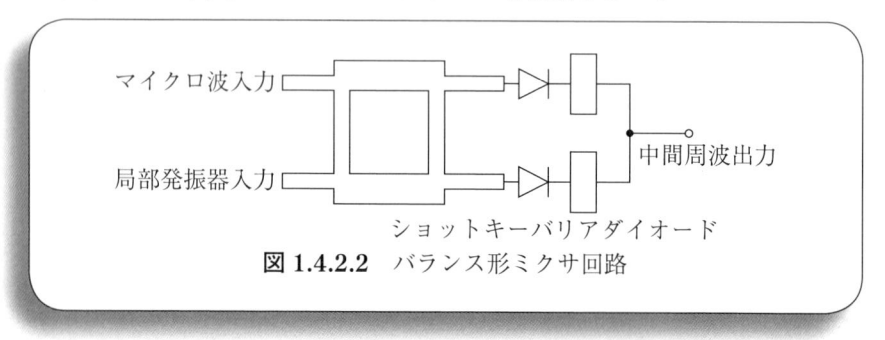

図 1.4.2.2 バランス形ミクサ回路

図 1.4.2.2 にバランス形ミクサ回路の一例を示す．

1.5 変調器

　通信用の変調器は搬送波であるマイクロ波に伝送する情報を加える為に変調を行う．

　従って通信においては送信器のマイクロ波に変調を加え，受信機では送信器で変調した波を誤りなく復調することが重要である．その為に無線通信であれ有線通信であれ，伝送路において搬送波に印加されている変調波が変化することは有害であり，これを排除することが必要であるが，マイクロ波による各種計測においては通信と異なり，無変調波であるマイクロ波の位相や振幅が対象物によりどのように変化して受信されるか，あるいは変調波とマイクロ波の両方がどのような変化をするかを計測することが必要であり，用途により最適な変調方式を選定することが重要である．

1.5.1 振幅変調器

　マイクロ波に振幅変調を加えて利用する用途は多方面に及んでおり，それぞれの用途により変調波をどのようなものにするか定める必要がある．

　変調の方法として主として2通りのやり方があり，一つは発信源の電源をオンオフすることによる方法と，スイッチデバイスを伝送線の中に組込むことによるやり方である．

　発信源の電源をスイッチする場合にはパルスの立上り・立下りの周波数の変動や出力電力の変動などが伴い，これらの変動が測定に誤差を与える場合には利用できない．

　発振器の電源を直接スイッチして利用する応用として良く利用されるものとして，発振器をパルス動作させることにより消費電力を低くする為の利用や，マイクロ波送信波に変調を加えておき，その後の受信がその変調周波数に対応した交流アンプを利用することにより容易になる場合などに用いられる．

　伝送線に組込むスイッチは主にシャープパルスを発生させる等の，変調

波形が直接測定結果に影響を与える場合に用いるケースが多い．この場合の変調用デバイスとしてはFET，バイポーラトランジスタ等の3端子デバイスを用いる方法と，PINダイオード，SBD等の2端子デバイスを用いる方法がある．3端子素子を用いた回路例を1.5.1.1図に示す．

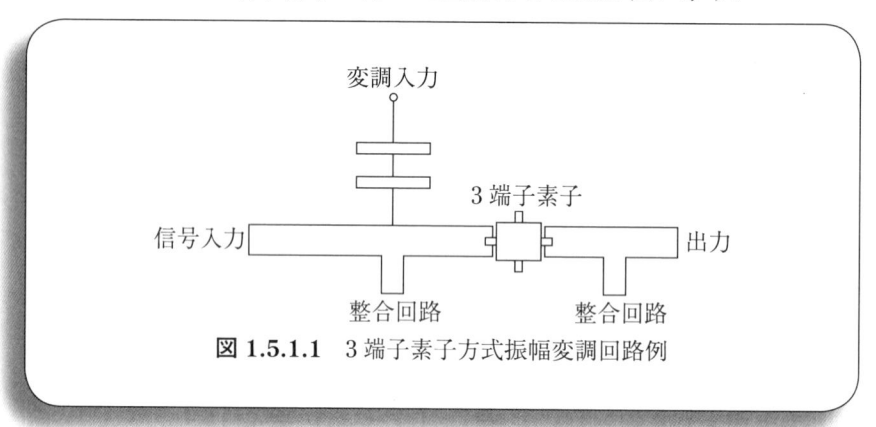

図 1.5.1.1 3端子素子方式振幅変調回路例

図1.5.1.1のような回路においては3端子素子の増幅機能により正の利得を得ることも可能である．変調スピードはバイアス回路の高速化，即ち容量あるいはリアクタンス分を小さくすることにより，変調スピードとしては1ns程度までは容易に実現が可能である．

ダイオード方式の回路例を1.5.1.2図に示す．

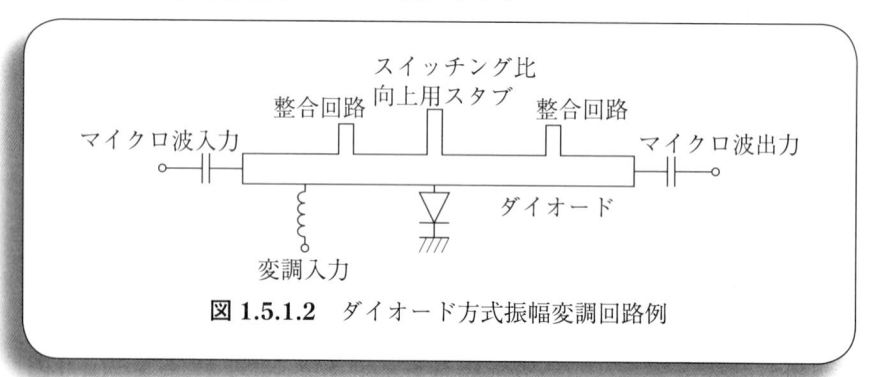

図 1.5.1.2 ダイオード方式振幅変調回路例

1.5.2 位相変調器

通信において位相変調は主要な変調であり，多くの通信システムで用い

られているが，計測においてはマイクロ波位相を直接検出しその移相量が測定対象とどのような相関を持っているかを知ることが必要であるので，位相変調を加えて測定を行うことは少ない．むしろ位相を制御する必要があるのは測定対象物にマイクロ波を放射するアンテナのビーム制御や，測定精度向上を行うための位相制御などで用いることが多い．

マイクロ波帯での位相変調用デバイスほど長い期間各種のデバイスが提案され，実用化の試みがなされたにも拘らず，良好なデバイスが見当たらないものもない．特にアナログ形の移相器として電子制御可能でしかも広帯域に利用出来るものはほとんど無いので各システムに合わせて創意工夫を凝らして設計することが必要である．

位相変調用半導体デバイスは，バラクタダイオード，ショットキーバリアダイオード，PINダイオードなどの2端子素子と，トランジスタあるいはFET等の3端子素子を用いて，システムに最適な変調器を構成する．

3端子デバイスとPINダイオードについてはデジタル形の位相変調器となり，バラクタあるいは用い方によりSBDはアナログ形位相変調器を構成することができる．

1.5.2.1図に3端子素子による位相変調器，1.5.2.2図にダイオードによる位相変調器を示す．

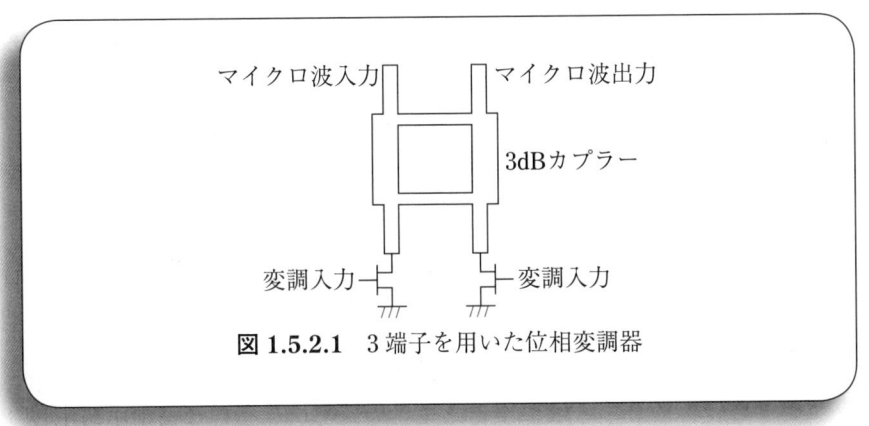

図 1.5.2.1　3端子を用いた位相変調器

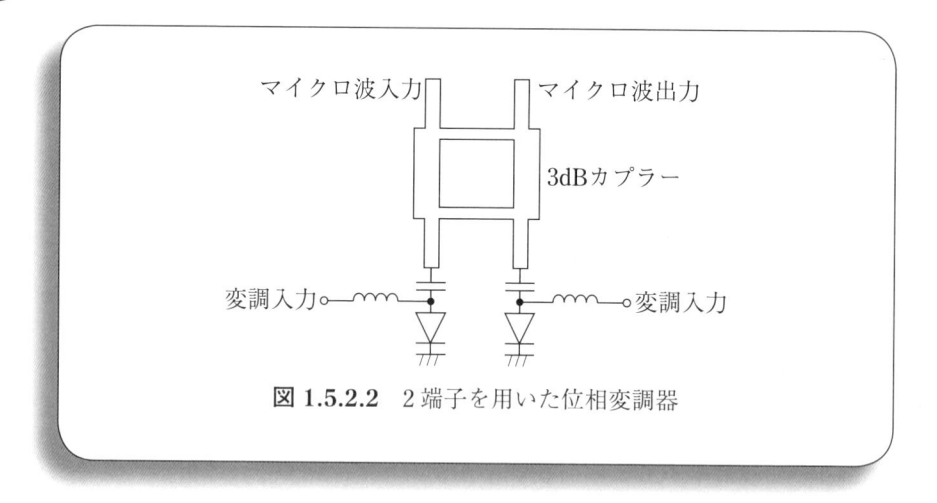

図 1.5.2.2 2端子を用いた位相変調器

1.6 周波数変調

マイクロ波の周波数を変調して用いる分野は主に距離測定に用いることが多い．

この距離測定にはパルス変調されたマイクロ波も用いられる．パルスレーダでは送信パルスと受信パルスの時間遅れにより測定するが，周波数変調の場合には送信波と受信波が時間遅れのために周波数の差が発生するので測距は送信波と受信波の周波数差の測定を行うことにより可能である．

その他の応用として位相変調と同様に計測精度向上のために周波数ダイバシティも利用される．

周波数変調の場合はほとんどの場合発振器と一体化されており，周波数変調器として独立したデバイスあるいはコンポーネントは通常利用することはない．

発振器をFM形の発振器にする場合には発振器の項に示したようにバラクタ（可変容量ダイオード）を共振器の一部に組込むことにより実現する．

写真 1.6.1 にバラクタを用いた FM 発振器の例を示す．

写真 1.6.1　10GHz 帯 FM 発振器

1.7　アイソレータ，サーキュレータ

　マイクロ波帯においてアイソレータ，サーキュレータは非可逆回路として有用なものである．

　この回路はフェライトに直流磁場を加えると変調波磁界に対して異方性があることを利用したものである．

　図 1.7.1 にアイソレータの，図 1.7.2 にサーキュレータの動作説明のための図を示す．

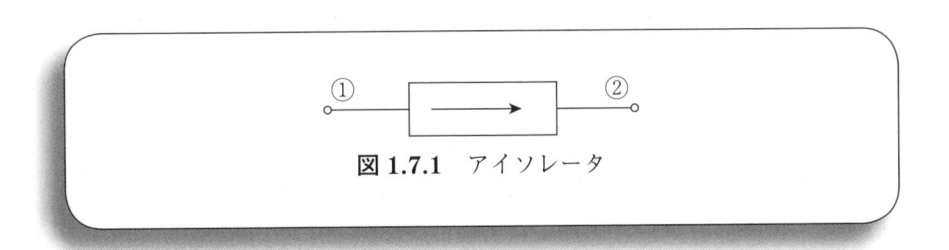

図 1.7.1　アイソレータ

図 1.7.2 サーキュレータ

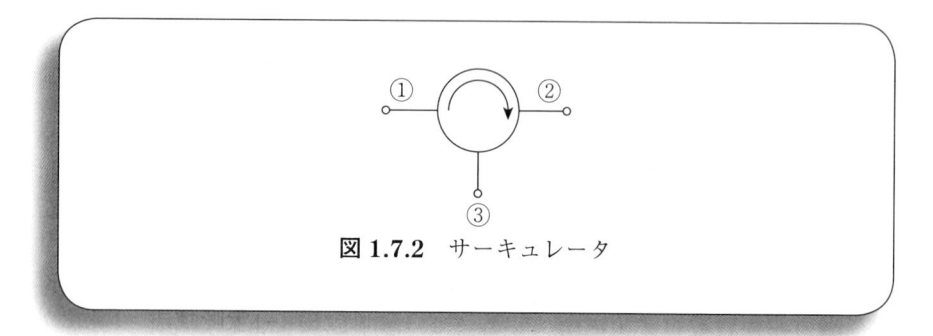

　アイソレータは図 1.7.1 で示す如く①なる端子にマイクロ波を入力すると②なる端子にマイクロ波が出力されるが，②に入力されたマイクロ波はアイソレータ内部の吸収体により熱変換され，吸収される．そのため②から入力されたマイクロ波は①には出力されない．

　このアイソレータは主に緩衝器として用いられる．マイクロ波回路では発振器部，増幅器部，変調器部などの各種のステージが組合されており，これらのステージはマイクロ波の反射を持っており，この反射により各段が結合する．その結果系が不安定となり，周波数特性の劣化，あるいは寄生発振などの不具合を生ずるので図 1.7.3 に示す如く各段の中間にアイソレータを挿入することにより，各段の結合がなくなりシステムとして安定化することが出来る．

　このアイソレータの挿入箇所はそれぞれのシステムの要求に合わせて定める必要がある．

図 1.7.3 アイソレータ使用例

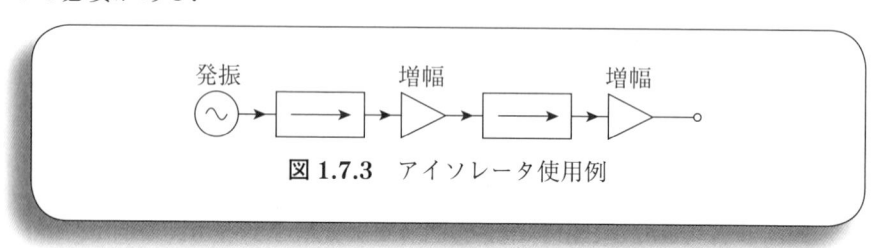

　図 1.7.2 に示したサーキュレータは循環回路を構成しており，マイクロ波を①に入力すると②に出力され，②から入力すると③に出力され，③に入力すると①に出力される．

このサーキュレータの主要な用途は送受信分離回路としての利用である．
図1.7.4にその応用例を示す．

図 1.7.4 サーキュレータ使用例

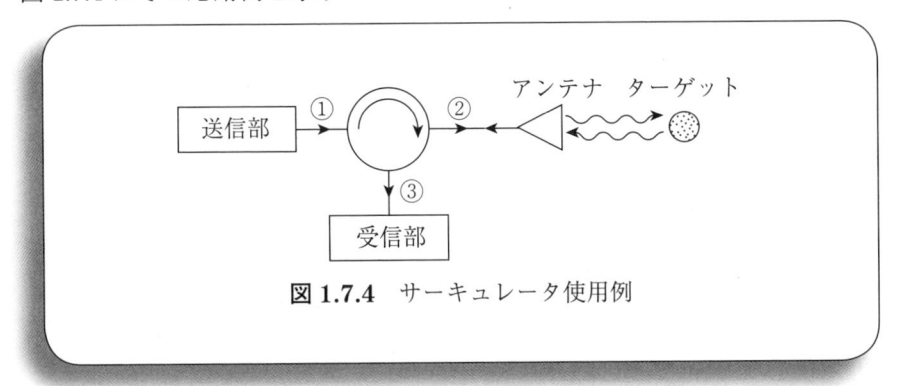

図においてサーキュレータの①に送信部を接続し，②にアンテナを接続，③に受信部を接続することにより，送信波はサーキュレータを介してアンテナから送信され，受信波はアンテナ，サーキュレータを介して受信部により受信される．このような構成ではアンテナを送受共用とすることができる．

写真 1.7.1 アイソレータとサーキュレータ

マイクロ波応用ではアンテナを送受共用とすることが多いので，このサーキュレータは広く利用されている．

サーキュレータとアイソレータを写真 1.7.1 に示す．

1.8 アンテナ

応用装置で果たすアンテナの役割は重要である．多くの装置において，アンテナからマイクロ波を電波として放射し，放射されたマイクロ波が空間で対象物と相互作用し，その反射波を観測することにより種々の計測目的を達成するのであり，アンテナからどのようなビーム形状でどのような偏波で放射するか等アンテナに要請される条件は用途に応じて様々である．

マイクロ波応用では対象空間は閉空間の場合と，開空間の場合があり，閉じた空間，例えば導波管内へマイクロ波放射を行い，導波管内で対象物と相互作用させ測定を行う場合は，これらのマイクロ波を閉じ込めた空間をアプリケータと考え，アンテナとは別に送・受信機をアプリケータ部に結合するので各応用装置毎に独自の設計を行う必要がある．この場合も導波管への結合はアンテナを介してマイクロ波を送受する必要が有る．

また開放空間へマイクロ波を放射し，各種の測定を行う場合でも汎用型のアンテナはなく，用途に応じて最適化したアンテナの設計をする必要がある．従ってここではマイクロ波応用で用いられるアンテナの代表的なものについて記す．

1.8.1 電磁ホーン

マイクロ波用アンテナとしては良く利用されており，比較的簡単な構造であるが損失，あるいは帯域性能面においても優れたものである．

この電磁ホーンは周波数に応じた大きさの導波管に接続されており，一方送受信機の入出力はストリップラインあるいは同軸系で構成されている場合が多いので同軸—導波管変換器と一体化して利用される．

1.8.1.1 図に変換器を含めた構造を示す．

図 1.8.1.1 電磁ホーンアンテナの構造

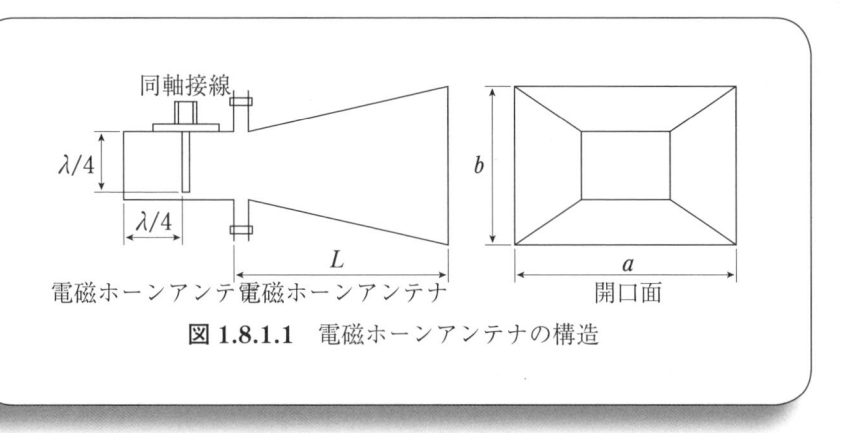

図 1.8.1.1 においてこの電磁ホーンの利得 G は

$$G = \frac{4\pi ab}{\lambda^2}\eta$$

λ：波長

η：開口効率

で与えられる．

開口効率 η の値は電磁ホーンの長さ L が大きくなると高くなる．通常 η

写真 1.8.1.1 各種電磁ホーン

としては 50 ～ 60〔％〕程度となるように L を定めることが多い.

各種電磁ホーンを写真 1.8.1.1 に示す.

1.8.2　パラボラアンテナ

電磁ホーンタイプのアンテナで利得向上を計ろうとすると電磁ホーンの奥行きが長くなり実用的でない．このような場合に用いられるアンテナとしてはパラボラアンテナが利用出来る．

パラボラアンテナでは図 1.8.2.1 に示す如く，大きな開口面を得るのに要する奥行きを短くできる．

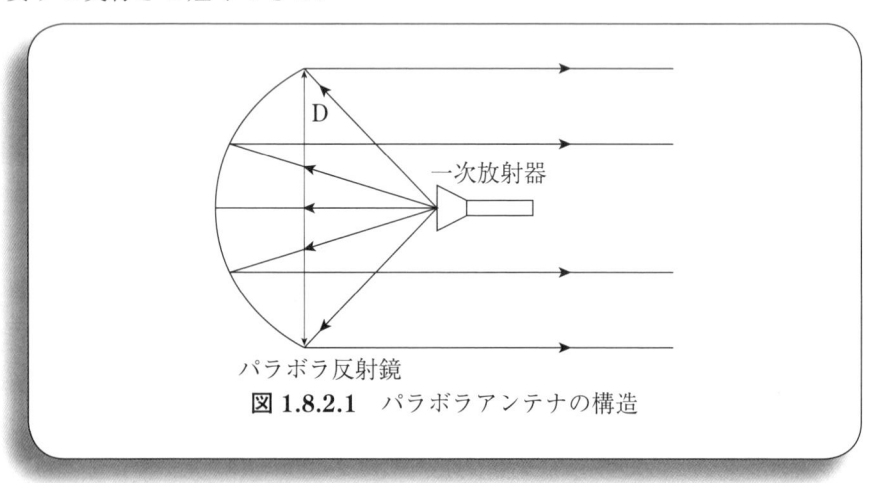

図 1.8.2.1　パラボラアンテナの構造

パラボラ面は回転放物面をなしており，一次放射器から放射された球面波を平面波に変換する．

このアンテナの利得 G は

$$G = \left(\frac{\pi D}{\lambda}\right)^2 \eta \qquad 式 1.8.2.1$$

λ：波長

η：開口効率

D：開口径

で与えられる．開口効率 η は一次放射器及びパラボラ反射器により定まるが，一般に 50〔％〕～ 60〔％〕程度で用いられる．

写真 1.8.2.1 に 12〔GHz〕帯のパラボラアンテナ例を示す．

写真 1.8.2.1　12GHz パラボラアンテナ

1.8.3　平面アンテナ

電磁ホーンアンテナあるいはパラボラ形アンテナで装置を実用化する場合に，立体的アンテナよりも装置の小型化，デザイン性等において，よりコンパクト化されたアンテナが求められる場合が多い．この目的の為に開口面アンテナを平面型で構成することができる．

1.8.3.1 図にそのブロックダイヤグラムを示す．

図 1.8.3.1　平面アンテナの構成

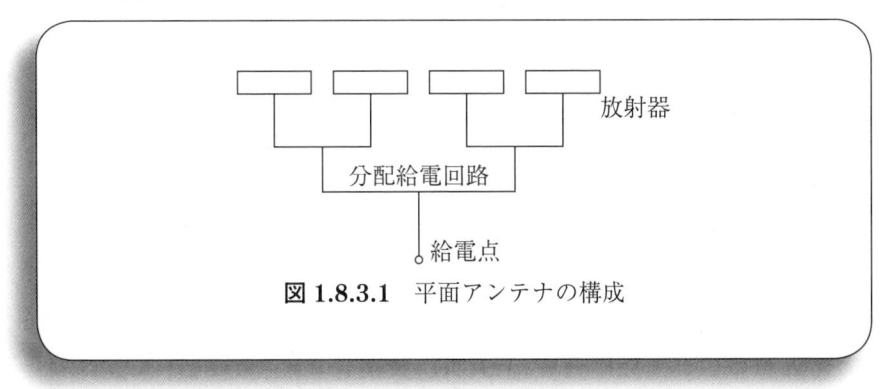

図 1.8.3.1 は原理的な構成を示しているが実際のアンテナでは放射器列

が平面上に多数配列されている．

　分配，給電回路は伝送線路で構成するが，各放射器への電力分布を制御することにより放射ビームの形を制御できることから，目的に応じて様々な設計がなされる．

　写真1.8.3.1に5〔GHz〕帯の平面アンテナの一例を示す．

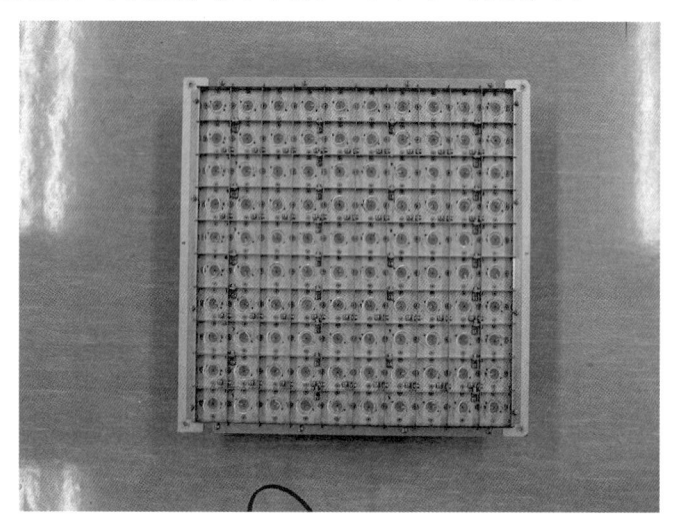

写真 1.8.3.1　5GHz 帯平面アンテナ

1.8.4　アンテナの偏波

アンテナにおいては電界の振動方向により偏波面が定義される．

偏波としては
- 直線偏波：水平偏波，垂直偏波
- 円　偏　波：右旋円偏波，左旋円偏波

がある．アンテナはこれらの各偏波に対応して設計されており，例えば右旋円偏波用のアンテナでは左旋円偏波を受信することが出来ない．水平偏波，直線偏波についても同様である．（偏波については専門書を参照）
このような性質をマイクロ波応用では偏波の分離器として利用することがある．

1.9 結合器

マイクロ波回路の構成においては，その主要な回路はマイクロ波送信系と受信系に大別でき，これらがマイクロ波の主線路となる．

これとは別に送信波の一部を取り出して送信電力の監視を行ったり，スペクトル波形の監視あるいは周波数を監視したりすることが必要となることが多い．

受信系においても同様なことを行うことが要求される．

このためにマイクロ波の分岐回路を用いるが，用途に応じて種々のものが用いられる．

結合器は一般に方向性を持つ結合器と方向性を持たない結合器があり，方向性を持つ結合器は図1.9.1に示すように入射方向と反射方向に対して方向性を有している．

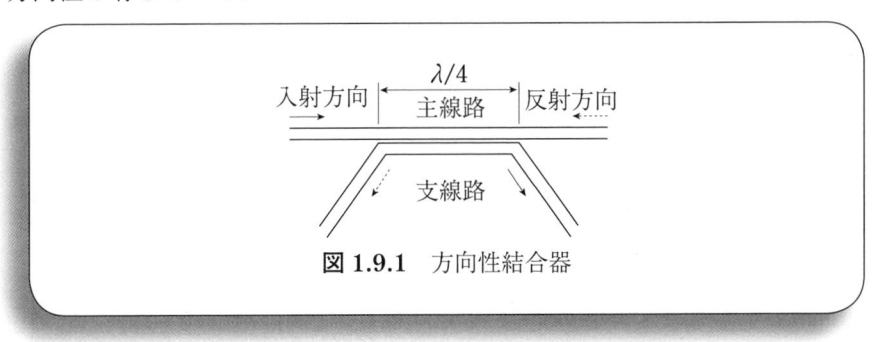

図 1.9.1 方向性結合器

この結合器は方向性を有しているので入射電力を反射電力と分離することが出来るので，利用価値が高い．

これとは別に方向性を有しない結合器は図1.9.2に示すように入射波であるか反射波であるかの識別を行わず，単に主線路を通過する電力の一部を取り出すために用いられる．

これらの結合器は方向性を持ったものについては方向性に対する分離度，および結合度が主要な性能となり，方向性のないものについては結合度が主要な性能仕様となる．

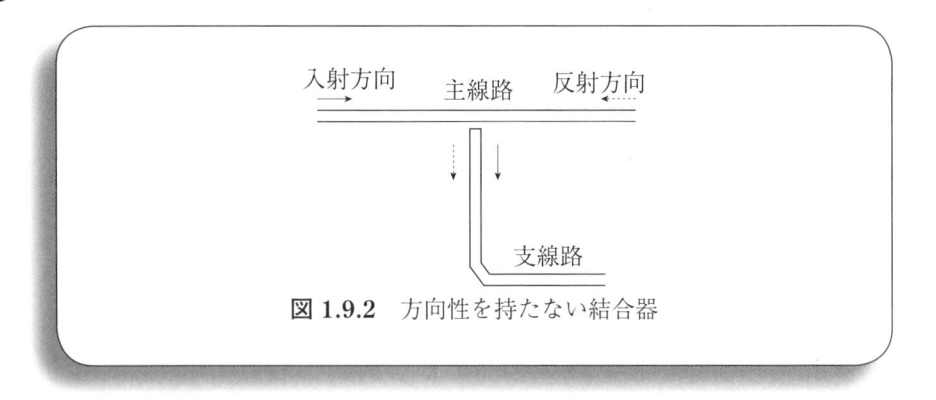

```
                入射方向    主線路    反射方向
                  →                    ←
                                ↓  ↓
                                    支線路
                    図 1.9.2   方向性を持たない結合器
```

1.10　アッテネータ

　マイクロ波帯においてはマイクロ波を発生すること，あるいはマイクロ波を増幅することによりマイクロ波出力を高くすることは容易ではない．その為マイクロ波回路では出来るだけ損失の少ない設計を行うが，周波数が高いマイクロ波系では反射波による回路の不安定性が増加する．

　この反射波による問題は測定を行う場合も問題となるので，アイソレータが実用化されており，発振段，増幅段などの各段の中間に挿入して安定度を高めることが行われるが，このアイソレータを多用することは装置として高価なものとなる．アッテネータは多くの場合にマイクロ波の各段の緩衝用として用いられる．この回路は抵抗回路であり，図 1.10.1 に示す如く通常 π 型と T 型が用いられる．

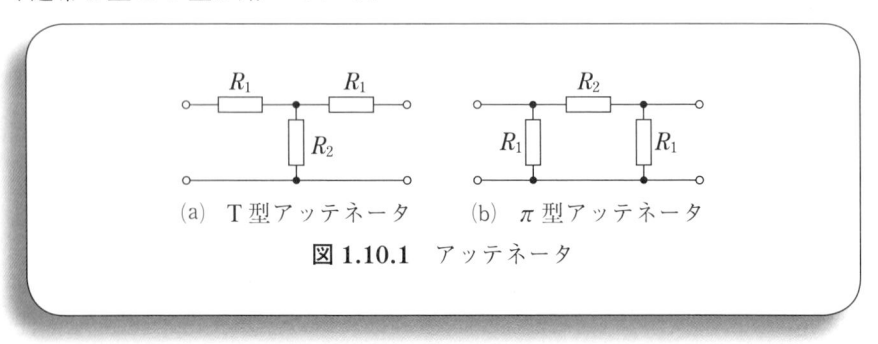

(a) T 型アッテネータ (R_1, R_1, R_2)
(b) π 型アッテネータ (R_2, R_1, R_1)

図 1.10.1　アッテネータ

図 1.10.1 に示した回路の抵抗は集中定数形のものであるが，小型のチップ抵抗を用いることにより 5〔GHz〕まで使用できる．

図 1.10.1 で示されるアッテネータの減衰量と抵抗との関係は次式で示される．

T 型の場合

$$R_2 = \frac{2Z_0 10^{\frac{L}{20}}}{10^{\frac{L}{10}} - 1} \qquad \text{式 1.10.1}$$

$$R_1 = \frac{10^{\frac{L}{10}} + 1}{10^{\frac{L}{10}} - 1}(Z_0 - R_2) \qquad \text{式 1.10.2}$$

π 型の場合

$$R_2 = \frac{Z_0}{2}(10^{\frac{L}{10}} - 1) \cdot 10^{\frac{-L}{20}} \qquad \text{式 1.10.3}$$

$$R_1 = \frac{1}{\dfrac{10^{\frac{L}{10}} + 1}{Z_0(10^{\frac{L}{10}} - 1)} - \dfrac{1}{R_2}} \qquad \text{式 1.10.4}$$

Z_0：通常特性インピーダンスとして 50〔Ω〕を用いる．

L：アッテネータの減衰量（dB）

それ以上のマイクロ波帯ではインピーダンス整合が悪くなるので，バルク形の吸収体を用いることがあり，これは電波吸収体として実用化されている．このバルク形の吸収体は立体回路では良く利用される．図 1.10.2 に導波管によるアッテネータの一例を示す．

この導波管形のアッテネータはマイクロ波による各種の測定物を導波管内に挿入して測定を行う場合に測定物の反射による精度の劣化を防止する為に利用することが多い．

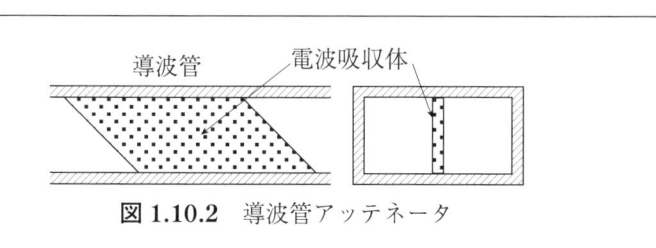

図 1.10.2 導波管アッテネータ

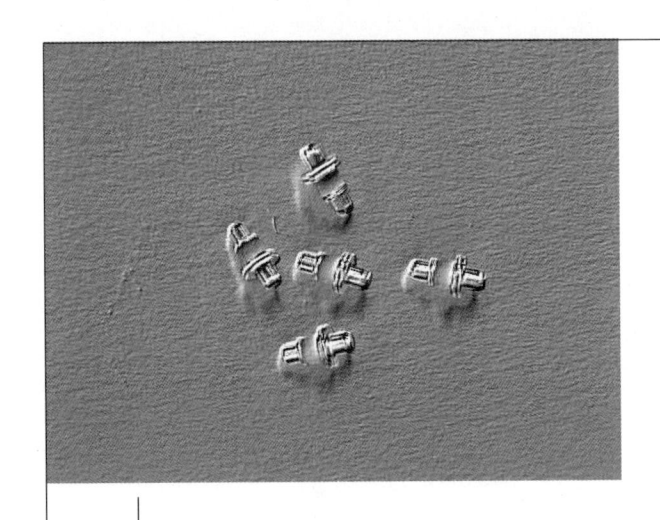

●第2章●
アプリケータ

　マイクロ波応用ではマイクロ波を被測定物に向けて放射し，対象により反射されたマイクロ波，あるいは測定対象物を透過したマイクロ波が送信したマイクロ波に対して何らかの変化を受けていることを測定することにより各種測定を行う．

　この場合にマイクロ波と測定対象物との相互作用をさせる空間をどのようなものにするかがマイクロ波を用いて各種測定を行う上で重要であり，このマイクロ波と被測定物との相互作用の場を作り出す部分をアプリケータと言い，この部分は測定の精度やその装置の使い易さなどを決定することとなり，マイクロ波応用では基本を成す技術の一つである．

　このアプリケータ部は大別すると2つの方式があり，1つは自由空間にマイクロ波を放射しその反射波を測定するものであり，主にレーダ等の用途に適用される．このようなアプリケータでは開空間形のものであり，測定対象物以外の物標からの反射波は測定上有害な反射波であるので，この反射波と被測定物からの反射波とを分離する必要がある．

もう一つの方法は被測定物をマイクロ波の伝送系内に閉じ込め，その反射波と透過波を測定する方法であり，このような閉空間を用いるアプリケータはマイクロ波と被測定物体だけが直接マイクロ波と相互作用し，他の物体との干渉がないので，直接的測定が可能となる．

2.1 導波管を用いたアプリケータ

被測定物とマイクロ波との相互作用空間として，閉じた空間でマイクロ波と被測定対象物とを扱うものとしての代表的なものは導波管を用いるものである．この導波管はマイクロ波の伝送路として，古くから用いられており，損失の少ない伝送路として最適のものである．

この導波管をアプリケータとして用いる場合には導波管の特徴を良く理解した上で利用することが必要である．導波管はその名の示す通り，導波管内では電波として動作しており，導波管壁そのものは電波の反射体として働いており，電波を管内に閉じ込めて伝送するものである．

この為に導波管の大きさは波長と同程度の大きさが必要となり，周波数の低い波に対しては大きな導波管，高い周波数に対しては小さな導波管を用いる必要がある．

この導波管の大きさはマイクロ波の周波数に対して規格化されている．表 2.1.1 には JIS 規格の中から良く用いられる周波数に対する導波管形状，形名を抜粋して示す．

表 2.1.1 JIS 導波管規格

形　名	周波数帯域 (GHZ)	導波管内寸 (mm)
WRJ － 2	1.70 ～ 2.60	109.22 × 54.61
WRJ － 3	2.60 ～ 3.95	72.10 × 34.00
WRJ － 5	3.95 ～ 5.85	47.55 × 22.15
WRJ － 7	5.85 ～ 8.20	34.85 × 15.85
WRJ － 10	8.20 ～ 12.40	22.90 × 10.20
WRJ － 120	9.84 ～ 15.00	19.05 × 9.525
WRJ － 500	39.30 ～ 59.70	4.775 × 2.388

このようにマイクロ波の周波数に応じ，導波管の大きさは制約を受けており，広い範囲の周波数を一つの導波管で伝送することが出来ない．この点は同軸線やストリップラインなどの伝送線と大きく異なっている．

次に導波管アプリケータで注意する点は，導波管の中ではマイクロ波は電波として伝送されているので導波管の金属壁の境界条件を満たす，特有な振動モードがあり，導波管内ではそれぞれのモードに対応して電磁界の分布がある．

図 2.1.1 には TE10 モードに対する電磁界分布を示す．

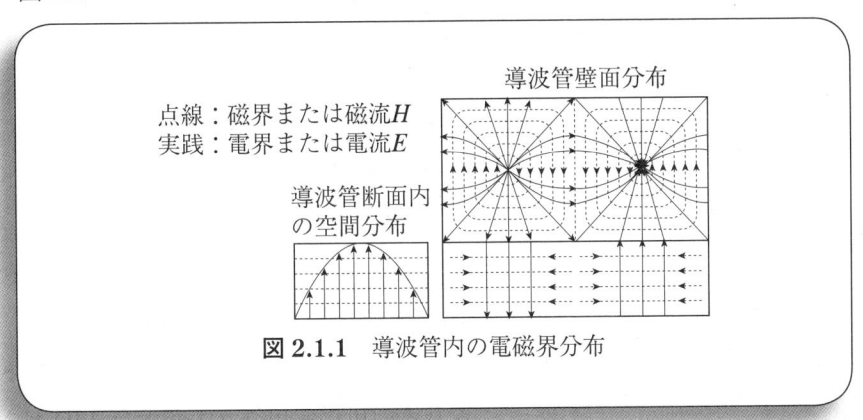

図 2.1.1 導波管内の電磁界分布

点線：磁界または磁流 H
実践：電界または電流 E

導波管壁面分布
導波管断面内の空間分布

この TE10 モードは導波管内での基本モードであり，このモードは安定しており，導波管内に挿入された被測定物によりモード変換が起こりにくく，伝送が阻害されることが少ない．この TE10 モードは図 2.1.1 の空間分布に示す如く，導波管断面内の幅方向中央で電界が最大となり，導波管幅方向の両側壁面で電界がなくなる．従って導波管の中央部に被測定物を挿入するとマイクロ波と被測定物との結合が最大となり，管壁にずらすと結合が減少するので，被測定物の挿入位置を変えることにより結合度の制御を行うことが出来る．

ちなみに図 2.1.1 の導波管壁面分布は導波管壁面に流れる磁流と電流の分布を示したものである．

図 2.1.2 および図 2.1.3 に実際のアプリケータの代表的なものを示す．

図 2.1.2 スリット形導波管アプリケータ

図 2.1.3 パイプ形導波管アプリケータ

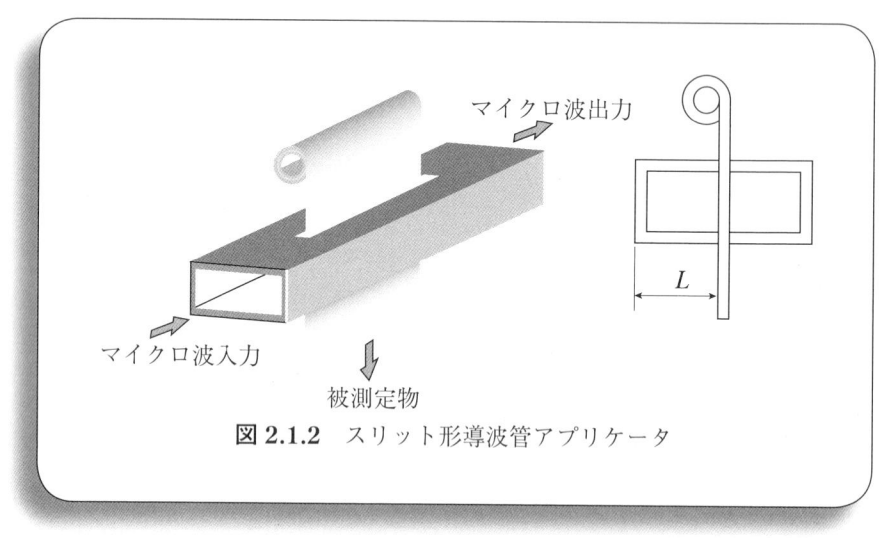

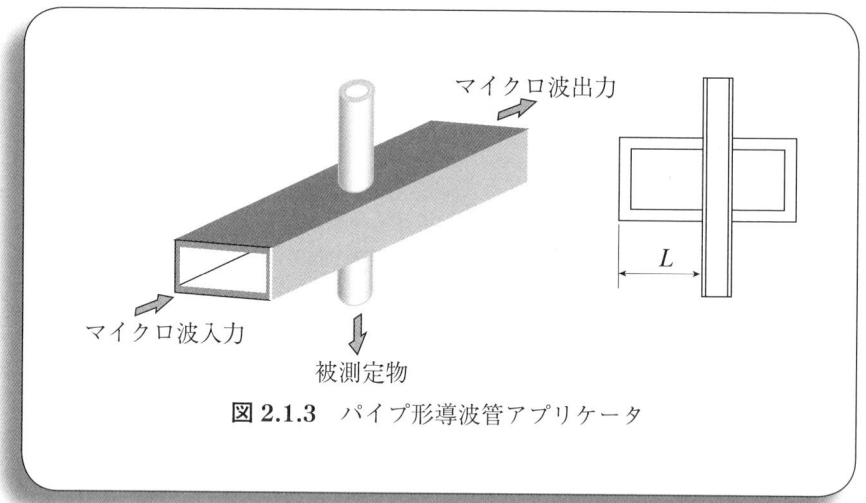

　図 2.1.2 はスリット形のアプリケータであり，導波管の H 面，即ち幅の広い方の面にスリットをあけて，そのスリットに被測定物を挿入する．

　このスリットは導波管壁に流れる電流の方向と平行であるので，導波管に伝送されるマイクロ波に与える影響はほとんどないことと，このスリットから導波管外部にマイクロ波の放射も極めて少ない．このスリットに試料を挿入するとマイクロ波電界に対して平行となるのでマイクロ波電界が

試料と結合する．

図2.1.2に示したように導波管の壁面から導波管中心までの距離Lの制御を行い，結合度の調整をすることができる．

このタイプのアプリケータが利用される分野として

- 紙の水分量
- 紙の厚さあるいは異物混入
- 織布の織りむら
- 織布の厚さあるいは異物混入
- ゴムシートの厚さ，組成
- 他

などシート状でスリットを通過可能なものに対するアプリケータとして広く利用されている．

図2.1.3は図2.1.2と同様に導波管のH面にパイプを通し，そのパイプ中に測定対象物を通すことによりマイクロ波と相互干渉させる．このパイプの材質はマイクロ波に対して低損失であることが要求されるので，テフロンなどの低損失材を用いることが多いが，特殊な場合にはセラミックパイプを用いる場合もある．

このタイプのアプリケータの応用例としては不定形の物質に対するアプリケータとして用いる．例えば

- 穀物等の粒状物質
- 各種粉体（粉，炭粉，粉体状薬品等）
- 液体各種
- 他

導波管アプリケータとしてはこの2つのものが良く用いられるものであるが，実際に応用装置を実現する場合には被測定物の誘電率，損失係数，形状，大きさ，あるいはそれに対するマイクロ波周波数などの点を考慮し，アプリケータの設計を行う必要がある．

2.2 ストリップライン形アプリケータ

導波管形アプリケータは金属の導波管壁により，マイクロ波に対して閉じた作用空間を作り出すことが出来るが，ストリップラインの場合には図2.2.1に示すような電磁界分布を示し，マイクロ波に対しては完全閉空間を作り出すことは出来ない．

図 2.2.1 ストリップラインの電磁界分布

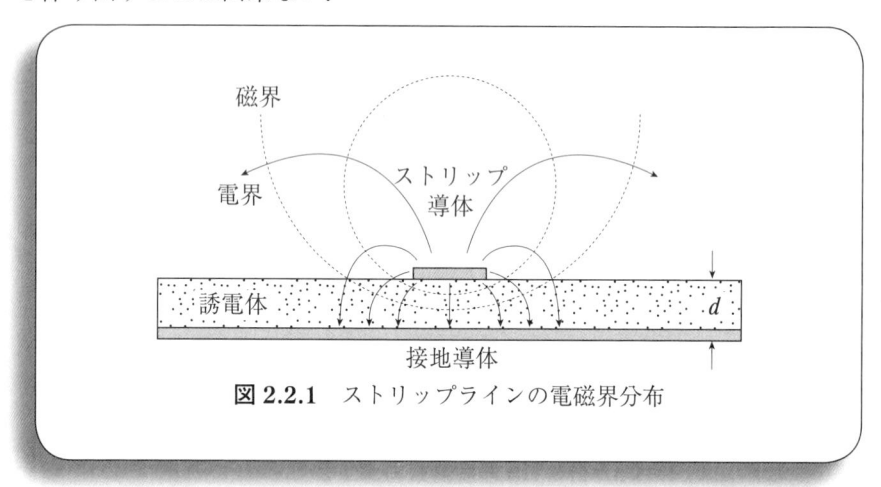

図2.2.1で示したストリップラインは接地導体上に誘電体を装荷し，その上にストリップ導体を配設したものであり，伝送モードはマイクロ波の伝送方向に電界磁界が直交したTEMモードであり，誘電体の厚さがマイクロ波の波長に対して十分小さな場合にはこのモードは安定しているが，図に示したように完全閉空間ではなく，電磁界は広範囲に広がる．このためストリップラインでは常にストリップラインからマイクロ波が放射され放射損を伴っており，原理的には外部空間の影響を受ける．

ただ誘電体の誘電率を大きくすることと誘電体の厚さ d を小さくすることにより，この放射損の減少，即ち外部の影響を低減することが可能である．

このストリップライン形アプリケータの特徴は，誘電体の厚さを波長に対して十分小さくしておくと，極めて広い周波数帯域にわたりTEMモー

ドが維持されるので導波管形アプリケータと異なり広範囲の周波数にわたり利用できるので周波数を変えることによりアプリケータの変更を行う必要がない．

このストリップラインをアプリケータとして用いる場合には，2通りの方法が主に利用されている．図 2.2.2，図 2.2.3 にその構成図を示す．

図 2.2.2 ストリップライン形アプリケータ（Ⅰ）

図 2.2.3 ストリップライン形アプリケータ（Ⅱ）

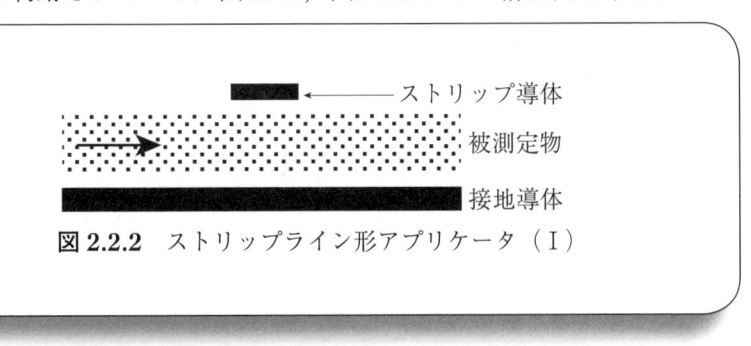

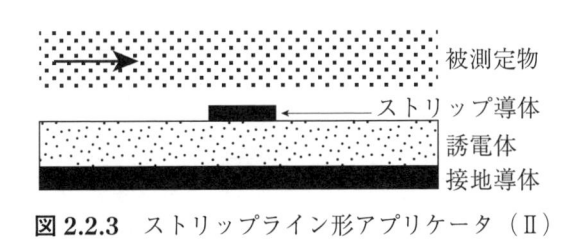

図 2.2.2 に示すアプリケータは図 2.2.1 に示すストリップ導体の下の誘電体に代えて，その位置に被測定物を挿入する方法である．このアプリケータは図 2.2.1 に示した電磁界分布からも明らかなように，マイクロ波電界の集中する部分に被測定物が挿入されるので，マイクロ波部との結合を大きくとることが出来る．

図 2.2.3 に示すアプリケータではマイクロ波の場の集中度の低い場所に被測定物が配置されるのでマイクロ波との結合度は低くなり，被測定物としては損失の大きなもの，あるいは高誘電率を有するものに適している．

2.3 空胴共振器を用いたアプリケータ

　金属壁で囲まれた空洞は音の共鳴箱が音波に対して共振器として働くのと同じように，電気的振動に対して共振器として働く．

　この原理を用いたマイクロ波帯での応用例としては空洞波長計やフィルタなどに広く利用されている．

　この空洞共振器はマイクロ波応用装置のアプリケータとして利用することが出来る．

　一般に空洞共振器は損失が少ないので高い Q 値を持っており，その中に挿入される被測定物の損失や誘電率が精度良く測定することが出来るが，測定対象物をキャビティに合わせて加工するか，測定対象物の形状が

表 2.3.1　空洞共振器と共振波長

キャビティ形状	共振波長	寸法
直方体	$2\sqrt{2}\,a$	$2a \times 2a \times 2h$
立方体	$2\sqrt{2}\,a$	$2a \times 2a \times 2a$
円筒	$2.61a$	直径 $2a$，高さ $2h$
円筒同軸	$4h$	内径 $2r_1$，外径 $2r_2$，高さ $2h$
球	$2.28r$	半径 r

定まっている場合にはキャビティをそれに合わせて設計する必要がある．

キャビティの共振周波数はキャビティ内壁の境界条件により決定されるが，一般にはこれを解くことが困難であるので，比較的簡単な構造のキャビティが用いられる．表2.3.1に代表的なキャビティの構造と共振波長を示す．

図2.3.1に直方体空洞共振器を用いたアプリケータの構造を示す．この例では空洞のマイクロ波励振は誘導結合用のプローブにより同軸線入力方式により行っている．

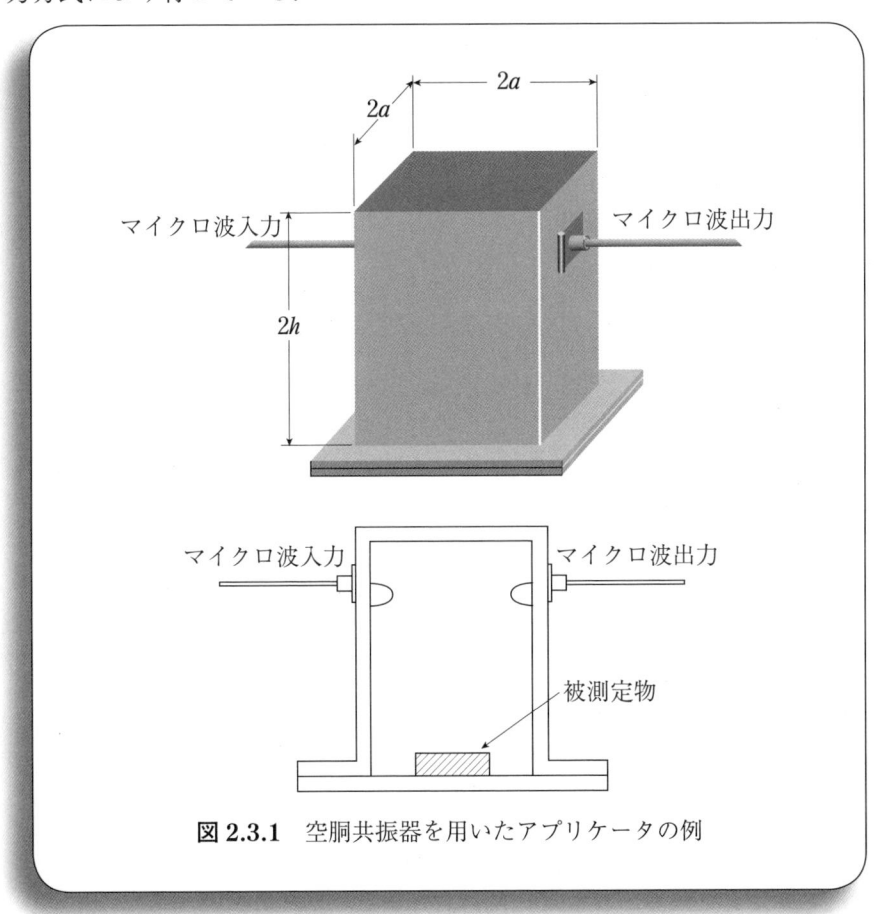

図 2.3.1 空胴共振器を用いたアプリケータの例

これらの系において被測定物がキャビティ内に挿入されると，共振周波

数の変化，あるいは共振器の Q の値の変化があり，この値の変化により各種の測定を行うことが出来る．

空洞共振器を用いた測定では精度の高い測定が期待出来るが，金属キャビティの各種パラメータと被測定物の定数とを結びつけた計算処理を行うことが必要である．

2.4 アンテナを用いたアプリケータ

マイクロ波応用でアンテナをアプリケータとして用いる用途は，レーダ，レスポンダーなどの広い領域を対象としたものに用いられる．

マイクロ波応用でのレーダ，あるいはレスポンダーは送信出力で最大でも 100〔mW〕以下であるので，距離にするとせいぜい 100〔m〕以内の感知範囲のものである．

これらの用途では感知範囲を決定するものはアンテナであり，アンテナのビームの形を目的に合わせて設計することが主要な技術となる．

図 2.4.1 に代表的なビーム形状を示す．

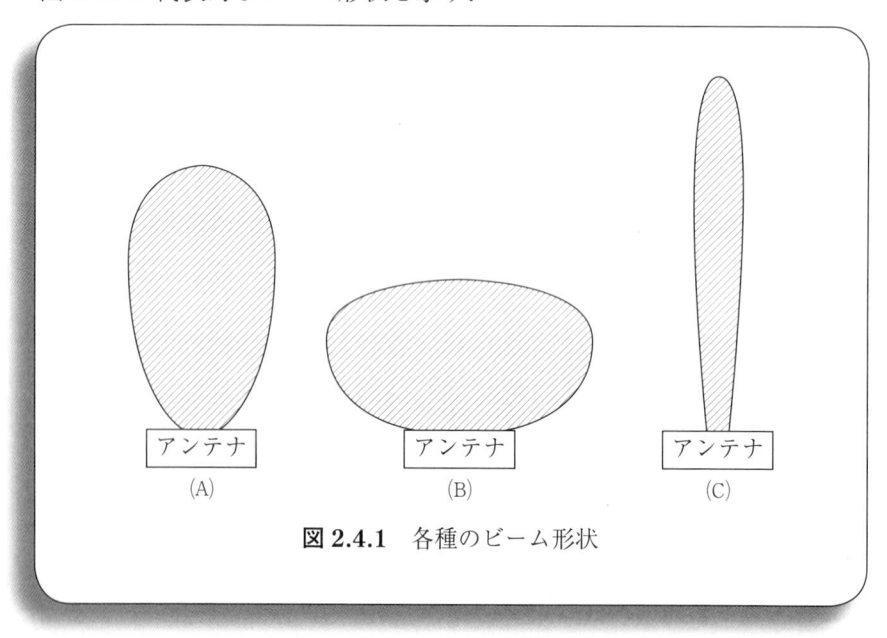

図 2.4.1 各種のビーム形状

2.4 アンテナを用いたアプリケータ

図 2.4.1 において斜線部分は感知エリアであり，アンテナのビームにより決定される．図において（A）は指向性アンテナの一般的なパターンを示し，(B) は扇状パターン，(C) はペンシル形のパターンを形成しており，これらのパターンはそれぞれの用途に応じて使い分けており，この例に示したパターン以外のものもそれぞれのシステムに最適なアンテナを設計することが重要である．

これらの用途とは別にアンテナをアプリケータとして利用するものとして，本来ならば閉じた空間内でマイクロ波の送受信を行って計測をした方が有利であるが，システムとしてそのような空間を設定できないようなものもある．

図 2.4.2 ではベルトコンベア上に梱包箱が流れており，その梱包箱に所定の内容物が入っているかどうかを確認する検査工程で用いられるが，この場合にはマイクロ波送信用アンテナからマイクロ波を送信し，受信用アンテナで受信を行い，内容物の有無によりその透過波の強弱を検出し，内

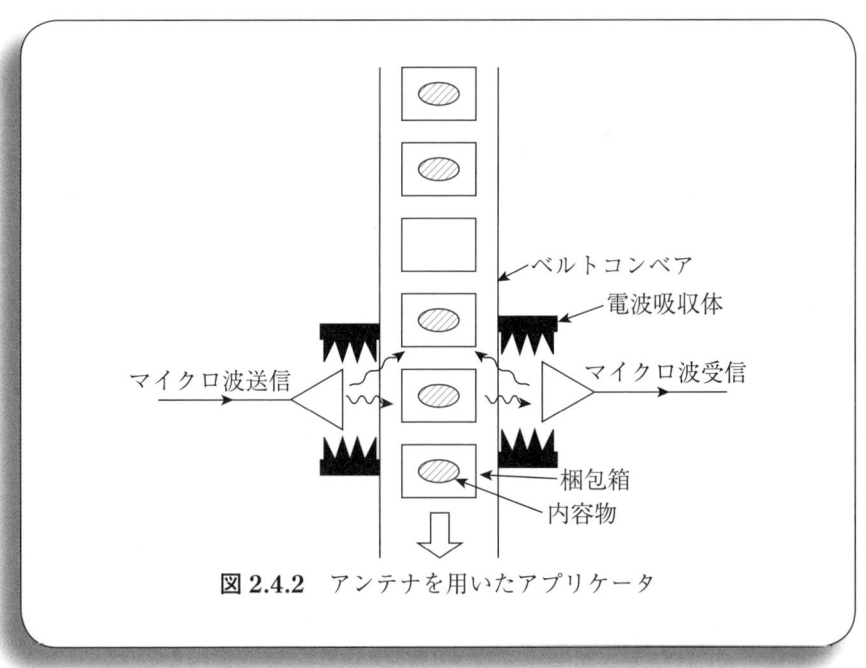

図 2.4.2 アンテナを用いたアプリケータ

容物の確認を行うものである．

　これらの装置ではベルトコンベアも含めた閉空間アプリケータを構成することが困難であるので，電波吸収体を装荷して電波に対してシールド系を作り，不要な反射波，回り込みを防止し，装置の信頼性を高めるなどの方法も用いることが出来る．

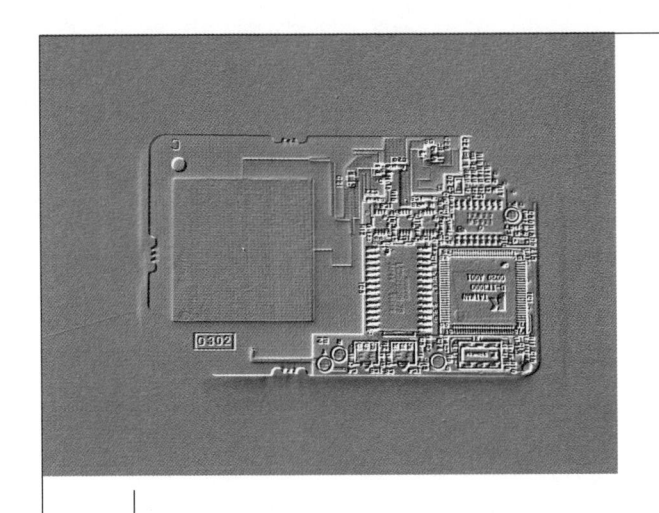

●第3章●
マイクロ波応用装置

　小電力マイクロ波応用では多くの場合送信機から非測定物にマイクロ波を照射し，反射波あるいは透過波を受信し，送信波に対してどのような変化を受けたかを測定することにより各種の値を計測する．

　送信波と受信波の変化は被測定物の状況によりマイクロ波の振幅と位相変化として観測されるが，この変化量と被測定物との関係を明確にすることにより装置化を実現出来るものである．

3.1　ドップラー効果の応用

　ドップラー効果はオーストリアのChristian Doppler(1803～1853)により発見された物理現象であり，その内容は『波源に対して運動する観測者が測定する波の振動数が波源で見た値と異なる現象』として表される．

　この効果は波動には常に起こる現象であり，音響，電波，光などでも観測される．

　ドップラー効果を用いた各種の応用装置が特にマイクロ波帯で重用され

る理由は，主に2つの理由があり，1つは比較的簡単なアンテナでビームが収束できることにより観測エリアを限定することが可能であることと，2つ目の理由としてドップラー効果による振動数の差が測定し易い周波数であることによるが，その応用は多方面に展開されており，特にマイクロ波あるいはミリ波帯の送受信器が容易に実現できるようになった近年ではいよいよ応用分野を広げつつある．

3.1.1 ドップラーモジュール（シングルタイプ）

ドップラーモジュールはマイクロ波送信エリア内のターゲットの動きの検出，あるいはターゲットのスピード検出等に用いられる．
図3.1.1.1はドップラー効果を検出するための構成図である．

図3.1.1.1 シングル・ドップラーモジュール構成図

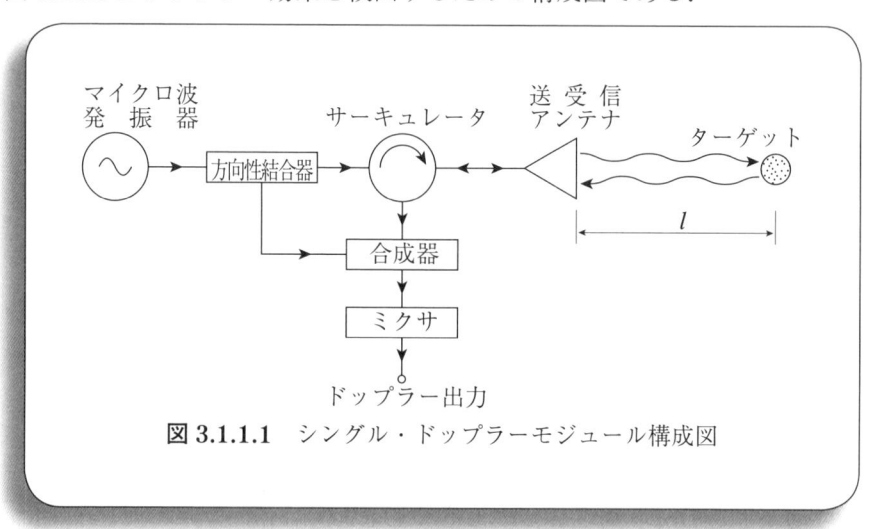

図3.1.1.1においてマイクロ波発信器の電力の一部を方向性結合器により分波し，この波をミクサの局部発振電力とする．一方方向性結合器を通過した電力はサーキュレータを介してアンテナから送信され，ターゲットにより反射され，再びアンテナに入射されサーキュレータを介して合成器に入る．合成器では方向性結合器からの出力と合成され，ホモダインミクサに入る．

ミクサへの入力は局部発信器からの出力 V_L と受信波 V_S があり，次の如

くに示すことができる．

$$V_L = A_L \sin(\omega t + \theta_L) \qquad \text{3.1.1.1 式}$$

$$V_S = A_S \sin(\omega t + \theta_S + 2\beta l) \qquad \text{3.1.1.2 式}$$

但しここで

A_L：局部発振信号振幅

A_S：受信信号振幅

ω：マイクロ波角周波数

θ_L：局部発信信号初期位相

θ_S：受信信号初期位相

β：伝搬位相定数　$\beta = \dfrac{2\pi}{\lambda}$

λ：マイクロ波波長

l：電波伝搬距離

3.1.1.1 式と 3.1.1.2 式で示されるマイクロ波がミクサに入射されると，ミクサ出力 V_D は次の如くとなる．

$$V_D = A_D \sin(2\beta l + \theta_D) \qquad \text{3.1.1.3 式}$$

但しここで θ_D：固定位相

3.1.1.3 式において l が固定の場合，すなわちアンテナとターゲットの距離が変化しない場合は V_D は直流項となる．またターゲットが複数である場合にはミクサ出力 V_{DM} は次の如くとなる．

$$V_{DM} = \sum_{i=1}^{n} A_{Di} \sin(2\beta l_i + \theta_{Di}) \qquad \text{3.1.1.4 式}$$

となり，これも直流項となる．

このことから CW(連続発振)マイクロ波を送受信しホモダインミクサを介して得られる出力は直流項である．ここであるターゲットが動いた場合には様子が異なる．例えば l_1 が v なるスピードで動いた場合には

$$l_1 = l_0 + vt \qquad \text{3.1.1.5 式}$$

但しここで l_0：初期値

となり

$$V_D = A_{Di} \sin(2\beta vt + \theta_{l_0})　\text{3.1.1.6 式}$$
$$= A_D \sin\left(\frac{4\pi}{\lambda}vt + \theta_D\right)　\text{3.1.1.7 式}$$

となりスピードに比例した周波数の正弦波を得ることができる．

ここで注意する点は 3.1.1.7 式で示される関係は電波の進行方向と物体の進行方向が一致した場合の関係式であるが，一般には図 3.1.1.2 で示す如く，電波の進行方向と物体の進行方向とは必ずしも一致しない．

図 3.1.1.2　物体の進行方向と電波の進行方向の関係

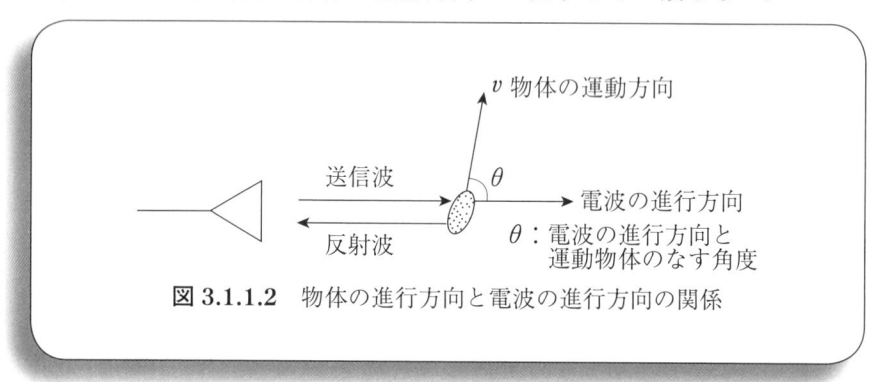

図 3.1.1.2 式の如くの場合は 3.1.1.7 で示されるドプラー出力電圧 V_D' は次式の如くになる．

$$V_D' = \cos\theta \cdot A_D \sin\left(\frac{4\pi}{\lambda}vt + \theta_D\right)　\text{3.1.1.8 式}$$

ドプラー出力は 3.1.1.7 式あるいは 3.1.1.8 式示されるが 3.1.1.4 式で示されるたくさんの反射体の中で動く物体だけがドプラー出力として出力され，他の静止物体はミクサの直流出力となるが，この直流出力は局部発振入力に比し極めて低いレベルにあるので実際には観測できない．このことはドプラーモジュールの大きな特徴であり，アンテナ放射ビーム内にある物体の運動するものだけを観測できる．但しこのことが実現できる方式上の理由はミクサとしてホモダインミクサ方式を用いることによるものであり，他の方式例えばスーパーヘテロダイン方式による受信では先に述べ

た固定ターゲットの反射波が全て IF に変換されるのでドップラー出力を得るには困難を伴う．

実用化されているドップラーモジュールは周波数が 10.525〔GHz〕と 24.15〔GHz〕の 2 つの周波数に対応したものがある．

これはこの周波数が ISM BAND(Industrial, Scientific and Medical Band) として許可された周波数であることによる．これら実用化されているドップラーモジュールには形状的には導波管タイプとストリップラインタイプの 2 種類あり，導波管タイプはガンダイオードを発振源として用いるものが多く，ストリップライン形のものは FET あるいはバイポーラトランジスタを発振源として用いているものが多い．

実際のドップラーモジュールでは図 3.1.1.1 のような構成とはなっておらず，実用的な感度に主眼をおき，その感度を達成できる範囲で簡略化を行い，小型化と低価格を実現している．

図 3.1.1.3 にガンダイオードを用いた導波管形のドップラーモジュール

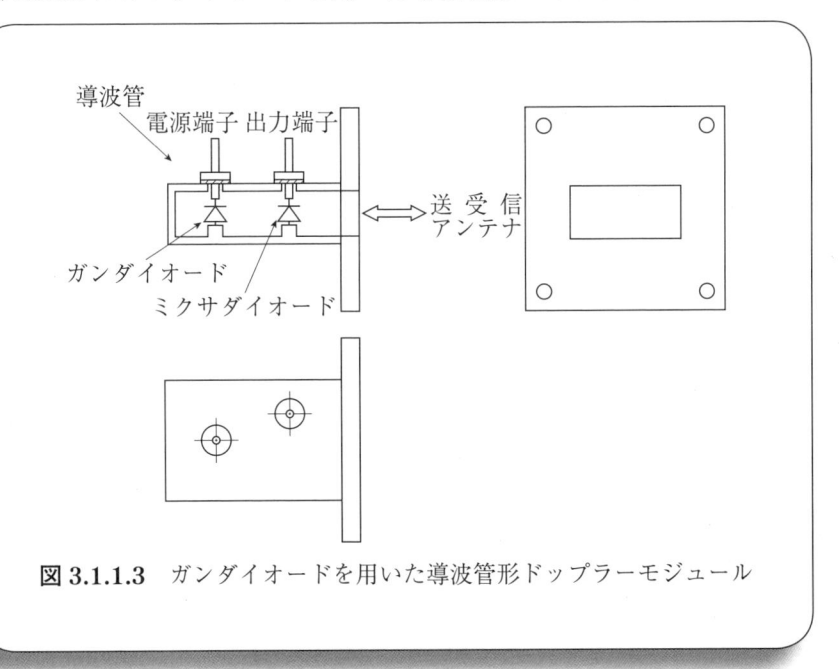

図 3.1.1.3 ガンダイオードを用いた導波管形ドップラーモジュール

を，図 3.1.1.4 にバイポーラトランジスタを用いたストリップライン形のドップラーモジュールを示す．

ガンダイオードを用いた導波管形のドップラーモジュールの動作原理を図 3.1.1.5 に示す．

図 3.1.1.4 バイポーラトランジスタを用いたストリップライン形ドップラーモジュール

図 3.1.1.5 導波管形ドップラーモジュール原理図

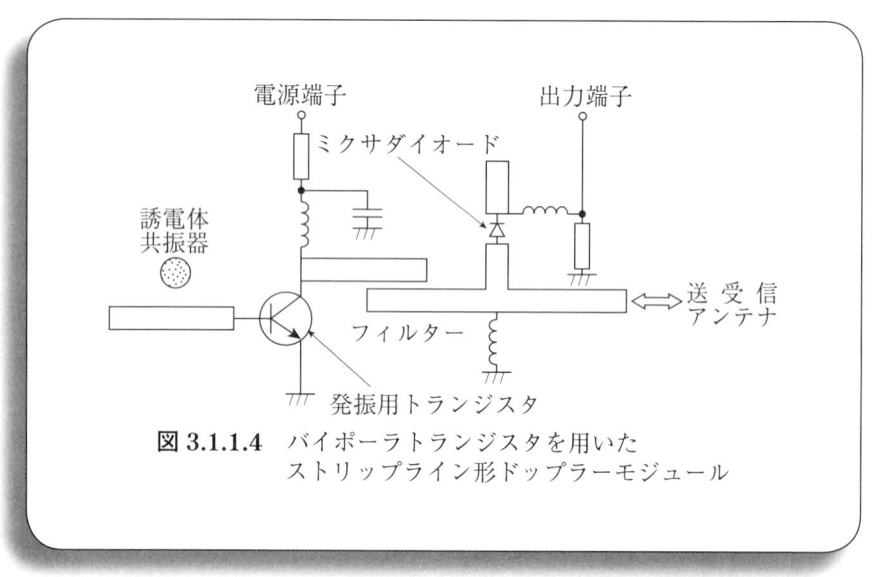

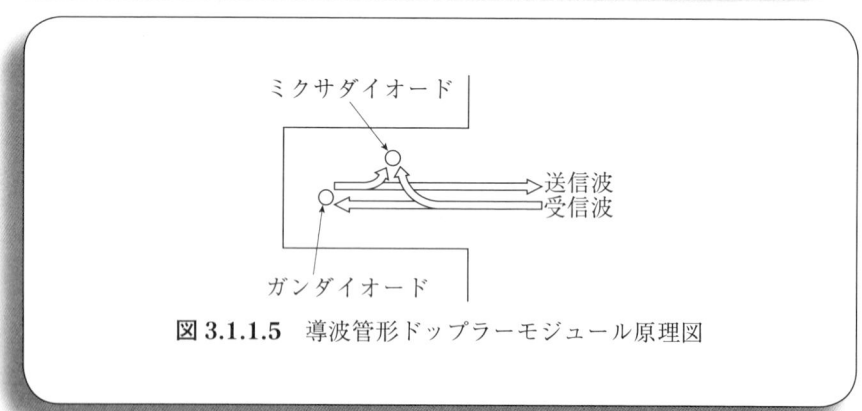

図 3.1.1.5 においてガンダイオードは導波管内にバイアス用ポストと導波管の終端までの距離で定まる反射形キャビティ内で所定の発振を行い，その一部が図示の如くミクサダイオードに結合する．この結合はガンダイ

オードとミクサダイオードの導波管内の位置関係で定められる．受信波は同様にミクサダイオードに入射され，一部はガンダイオードで消費される．ミクサダイオードは送信波と受信波が混合され出力される．

このミクサダイオードはホモダイン受信であるので受信波，即ち目標物標からの反射波の位相が動くとドップラーシフトとして周波数として出力される．

この図と図3.1.1.1とを比較すると実際のモジュールにおいてはサーキュレータを用いていないのでほぼその結合度分だけ感度の劣化があるが，実用的には使用に耐え得るものであり，この簡略化により小型でしかも低価格化を達成している．

次に10.525〔GHz〕におけるガンダイオードを用いた導波管形のドップラーモジュールの仕様例を示す．

- Xバンドドップラーモジュールの仕様

中心周波数　　　　10.525〔GHz〕
発振周波数安定性　　± 25〔MHz〕（−20〔℃〕～ 80〔℃〕）
出力電力　　　　　7〔dBm〕
受信感度　　　　　−90〔dBc〕　※1
電源　　　　　　　10V　150 m A

※1：送信電力に対して，−90〔dB〕低下した電力を受信可能であることを −90〔dBc〕と規定する．即ちこのモジュールの場合には送信出力が7〔dBm〕であるので絶対電力では −83〔dBm〕の受信感度であることを示す．

図3.1.1.4も導波管の場合と同様なことをストリップライン回路の中で行っており，原理は導波管と等価であるが，ストリップラインを用いた回路では発振周波数の温度に対する安定度が低いので誘電体共振器を用いることが多い．本ドップラーモジュールのストリップライン形のものを写真3.1.1.1に示す．

発振用デバイスとしてトランジスタ逓倍方式によるストリップライン回

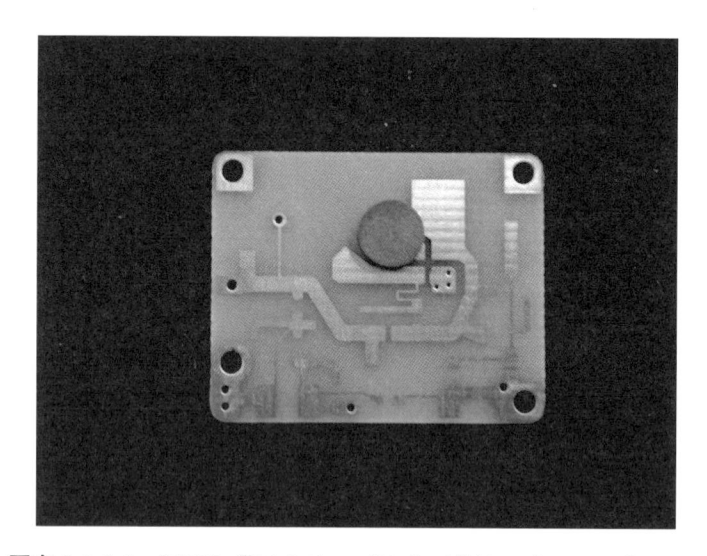

写真 3.1.1.1 24GHz帯ストリップライン形ドップラーモジュール

路方式で構成した 24.15〔GHz〕のドップラーモジュールの仕様の一例を次ぎに示す．

- Ku バンドドップラーモジュールの仕様

    中心周波数　　　　　24.15〔GHz〕
    発振周波数安定性　　± 5〔MHz〕(-20〔℃〕～ 80〔℃〕)
    出力電力　　　　　　0〔dBm〕
    受信感度　　　　　　-85〔dBc〕
    電源　　　　　　　　5〔V〕　25〔mA〕

3.1.2　ドップラーモジュール（デュアルタイプ）

シングルタイプのドップラーモジュールはミクサが 1 つで構成され，出力は 3.1.1.7 あるいは 3.1.1.8 式で示される．この式において v に正あるいは負の値を与える．即ち運動物体がマイクロ波送受信アンテナに近づくかあるいは遠ざかるかの識別は基準位相 θ_D が不確定のためにできない．ドップラーモジュールの応用装置から考えると運動物体が近づくかあるいは遠ざかるかの観測が出来ると利用分野が広がる．この為にデュアルタイプのドップラーモジュールが考案されている．デュアルタイプドップラーモ

ジュールは文字通りデュアルミクサを装備したドップラーモジュールであり，送受信アンテナに対して物体が近づくか遠ざかるかの識別を行うことが出来る．その原理は2つのミクサにより，位相弁別を行うことにより遠近情報を得ることが出来るものである．原理的構成を図3.1.2.1に示す．

図において，方向性結合器を介して送信波の一部を取り出し，ミクサ1およびミクサ2に局部発信源として3〔dB〕結合器を介して注入する．遠近情報を得るデュアルタイプのドップラーを構成するためには，この局部発振源としてミクサに注入する位相が90°シフトすることが必要である．

図において90°移相器で示す．一方受信波はサーキュレータを介してミクサ1およびミクサ2に注入するが，この受信波に対しては同相注入を行う．このような条件において，ミクサ1およびミクサ2で得られる出力電圧 V_{M1} および V_{M2} は次式の如くに示される．

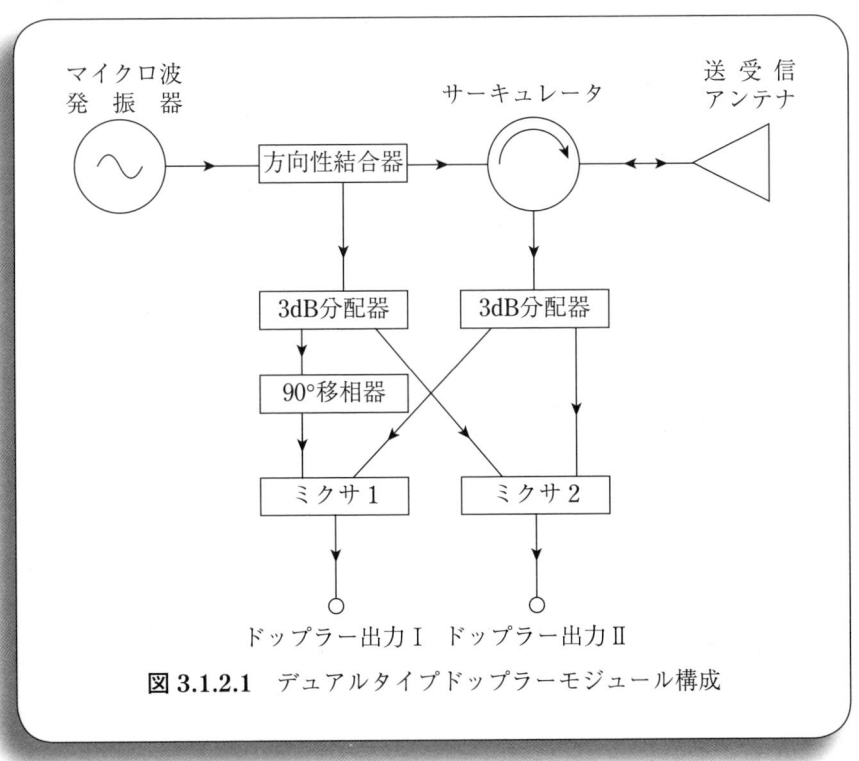

図3.1.2.1 デュアルタイプドップラーモジュール構成

$$V_{M1} = A_1 \sin (2\beta l + \theta_1) \qquad \text{3.1.2.1 式}$$

$$V_{M2} = A_2 \sin \left(2\beta l + \frac{\pi}{2} + \theta_1 \right) \qquad \text{3.1.2.2 式}$$

l はアンテナと運動物体までの距離であり $l = l_0 + vt$　　3.1.2.3 式
で示される.

3.1.2.1 式, 3.1.2.2 式, 3.1.2.3 式を整理すると V_{M1}, V_{M2} は次の如くになる.

$$V_{M1} = A_1 \sin \left(\frac{4\pi}{\lambda} vt + \theta_2 \right) \qquad \text{3.1.2.4 式}$$

$$V_{M2} = A_2 \sin \left(\frac{4\pi}{\lambda} vt + \frac{\pi}{2} + \theta_2 \right) \qquad \text{3.1.2.5 式}$$

ここで v は, 近づく場合を $-v$, 遠ざかる場合を $+v$ と表すと

近づく場合は
$$\begin{cases} V_{M1} = -A_1 \sin \left(\frac{4\pi}{\lambda} vt - \theta_2 \right) & \text{3.1.2.6 式} \\ V_{M2} = A_2 \sin \left(\frac{4\pi}{\lambda} vt - \frac{\pi}{2} - \theta_2 \right) & \text{3.1.2.7 式} \end{cases}$$

遠ざかる場合は
$$\begin{cases} V_{M1} = A_1 \sin \left(\frac{4\pi}{\lambda} vt + \theta_2 \right) & \text{3.1.2.8 式} \\ V_{M2} = A_2 \sin \left(\frac{4\pi}{\lambda} vt + \frac{\pi}{2} + \theta_2 \right) & \text{3.1.2.9 式} \end{cases}$$

となり, これを図示すると図 3.1.2.2 となる.

図 3.1.2.2 から明らかなように, 遠ざかるか近づくかの情報はミクサ出力 V_{M1}, V_{M2} の位相が $\pi/2$ 遅れるか進むかの検出を行うことにより得られる.

実際に使用されているデュアルタイプドップラーモジュールもシングルタイプと同様実用感度を達成する範囲内で単純化している.

先ず導波管タイプのモジュールについては図 3.1.2.3 のような構成となっている.

図 3.1.2.3 においてミクサダイオードⅠ及びⅡは l_1, l_2, l_3, l_4 の長さを

図 3.1.2.2 遠近情報の信号波形

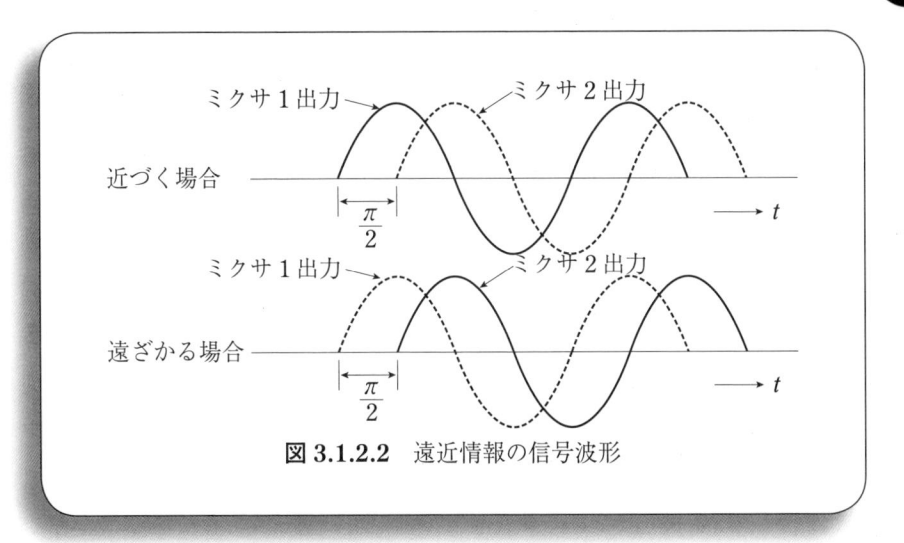

変え，発振源であるガンダイオードとの結合度と発振源からの位相の制御を行う．この位相差は発振源に対して 90° の位相差を有し，受信波に対し

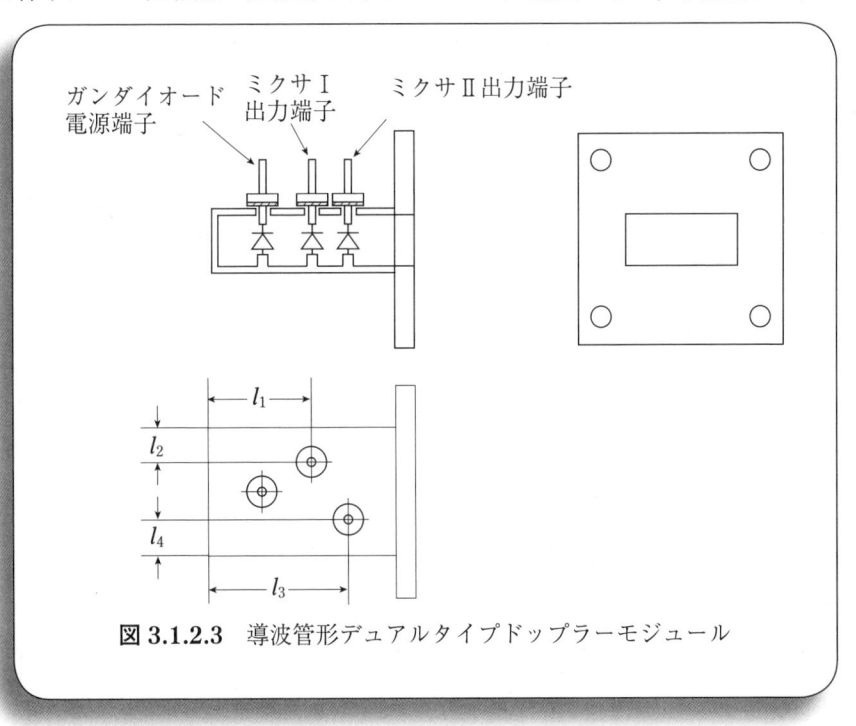

図 3.1.2.3 導波管形デュアルタイプドップラーモジュール

ては同相であることが条件であるが,実際この種のモジュールの設計においてはこれらの条件即ちミクサへの局発入力が90°の位相差,受信信号に対しては同相を保ち,所定の受信感度を得ることはこの種の簡略化されたタイプでは単純には達成出来ず,この部分が主要な技術となっている.以下にその仕様の一例を示す.

- Xバンドデュアルタイプドップラーモジュール仕様
  中心周波数 10.525〔GHz〕
  周波数安定度　　±25〔MHz〕（−20〔℃〕〜80〔℃〕）
  出力電力　　　　3〔dBm〕
  受信感度　　　　85〔dBc〕
  位相差　　　　　30°〜90°
  電源　　　　　　10〔V〕　150〔mA〕

ストリップラインで構成されたデュアルタイプのモジュールの構成を図3.1.2.4に示す.

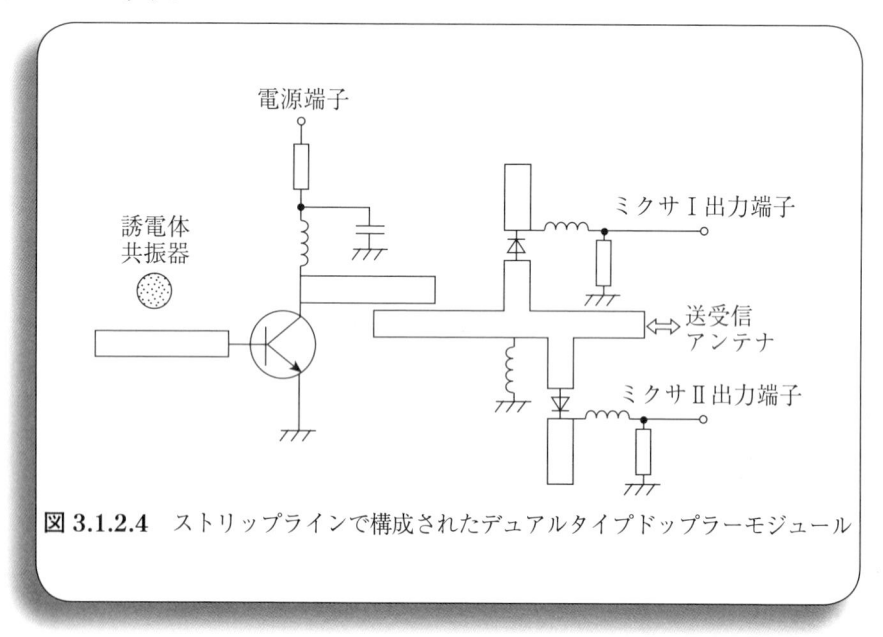

図 3.1.2.4 ストリップラインで構成されたデュアルタイプドップラーモジュール

このタイプのものも導波管形と同様回路を簡略化しており,図3.1.2.1

で示したモジュールに比べて多くの性能を劣化させた設計となっているが，実用的には使用に耐えることが出来る．

性能特性を次ぎに示す．

- Kuバンドタイプドップラーモジュール仕様

    中心周波数　　　24.15〔GHz〕
    周波数安定度　　±5〔MHz〕(−20〔℃〕〜80〔℃〕)
    出力電力　　　　−3〔dBm〕
    受信感度　　　　80〔dBc〕
    位相差　　　　　30°〜90°
    電源　　　　　　5〔V〕　25〔mA〕

写真3.1.2.1にはKuバンド・デュアルタイプのストリップライン構成によるMIC基板を示す．

写真3.1.2.1　Kuバンド・デュアルタイプドップラーモジュール（ストリップライン型）

3.1.3　2周波ドップラーモジュール

周波数が単一のドップラーモジュールでは物体が動くと交流信号が発生する．その交流信号は物体が送信周波数で定まる波長の1/2毎に一周期が完了する．(この周期数が一秒間に何回であるかを計測すると物体のスピー

ド計測を行うことができる．)

この交流信号の周期が 1/2 波長に対応するので周期を積算すると物体が動いた距離を知ることができる．

通常のドップラーモジュールではスピード計測とそのスピードの積分即ち波数のカウントにより移動距離を知ることができるが，その物体までの距離を計測することはできない．

ここで示す 2 周波ドップラーモジュールは移動する物体までの距離を測定するためのものである．

図 3.1.3.1 に 2 周波ドップラーモジュールの基本構成を示す．

図において f_1, f_2 に対応するドップラーモジュール出力 V_{D1}, V_{D2} は，3.1.1.6 式より，

$$V_{D1} = A_1 \sin(\beta_1 l + \theta_1) \qquad \text{3.1.3.1 式}$$

$$V_{D2} = A_2 \sin(\beta_2 l + \theta_2) \qquad \text{3.1.3.2 式}$$

$$\beta_1 = \frac{2\pi}{\lambda_1}$$

$$\beta_2 = \frac{2\pi}{\lambda_2}$$

ここで λ_1, λ_2 は f_1, f_2 に対応する波長定数である．

3.1.3.1 及び 3.1.3.2 式において θ_1, θ_2 は物体によりマイクロ波が反射されるがその折に生ずる位相角であり，f_1, f_2 の差が小さい場合には $\theta_1 = \theta_2$ となる．θ_1 と θ_2 が等しい場合には 3.1.3.1, 3.1.3.2 式は

$$V_{D1} = A_1 \sin(\beta_1 l + \theta_1) \qquad \text{3.1.3.3 式}$$

$$V_{D2} = A_2 \sin(\beta_2 l + \theta_1) \qquad \text{3.1.3.4 式}$$

ここで l は物体が運動しているので，測定を開始する時点の l を l_0 とすると

$$l = l_0 + vt \qquad \text{3.1.3.5 式}$$

となり，これから V_{D1}, V_{D2} は次の如くとなる．

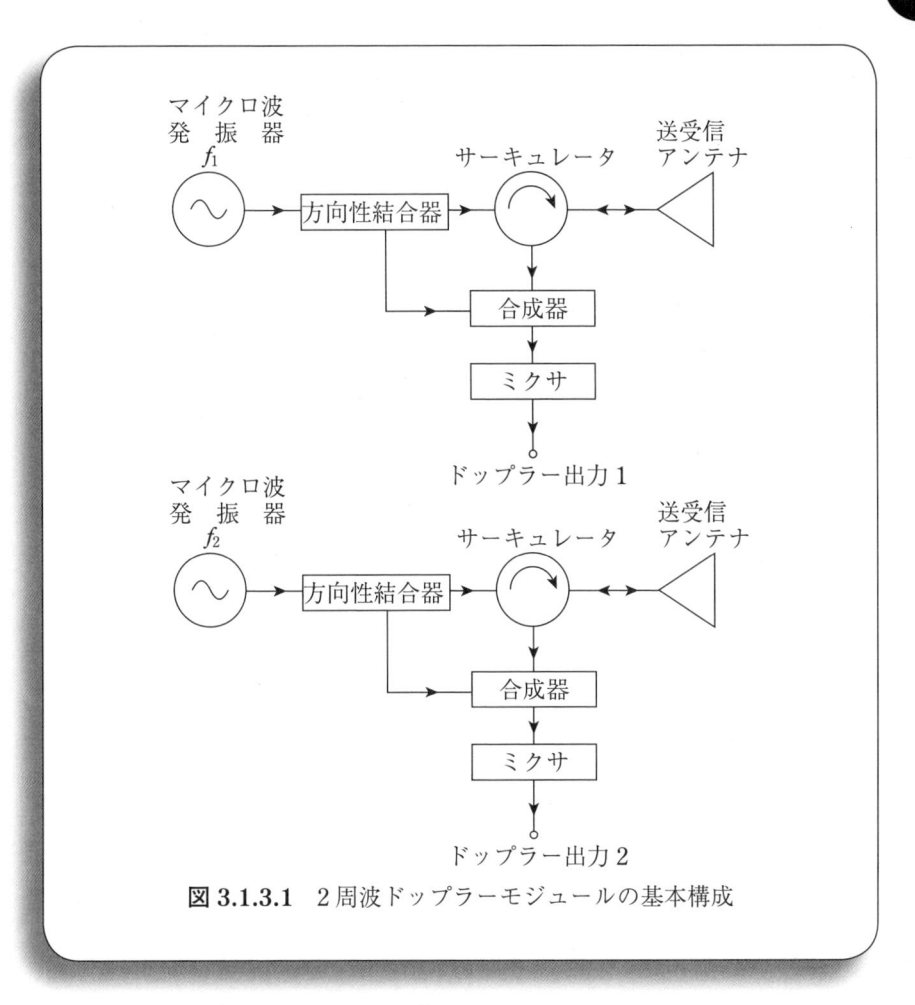

図 3.1.3.1 2周波ドップラーモジュールの基本構成

$$V_{D1} = A_1 \sin\left(\frac{4\pi}{\lambda_1}vt + \frac{4\pi}{\lambda_1}l_0 + \theta_1\right) \qquad \text{3.1.3.6 式}$$

$$V_{D2} = A_2 \sin\left(\frac{4\pi}{\lambda_2}vt + \frac{4\pi}{\lambda_2}l_0 + \theta_1\right) \qquad \text{3.1.3.7 式}$$

3.1.3.6，3.1.3.7 式において $4\pi l_0/\lambda_1$ と $4\pi l_0/\lambda_2$ が距離による位相差となるので，この量を測定することにより動いている物体までの距離を知ることができる．ここで注意する点として $4\pi l_0/\lambda_1$ と $4\pi l_0/\lambda_2$ の差が 2π を超える場合はパルスレーダと同様な意味でセカンドトレースとなるので測距

のレンジに応じて$f_1, f_2(\lambda_1, \lambda_2)$の設定を行う必要がある．

2周波ドップラーモジュールでも物体が送受信用アンテナに対して近づくか遠ざかるかの情報を得ることができる．

即ちvtのプラスマイナス，即ち遠ざかるか近づくかで3.1.3.6, 3.1.3.7式の位相項が遅れるか進むかにより検出することが可能である．

図3.1.3.1に示した構成では周波数の異なる2式の送受信系を備えたものであるが，これらの回路構成を一体化することにより，より小型化，あるいはより低価格化を実現出来る．

図3.1.3.2にその構成を示す．

図3.1.3.2 一体型2周波ドップラーモジュールの構成

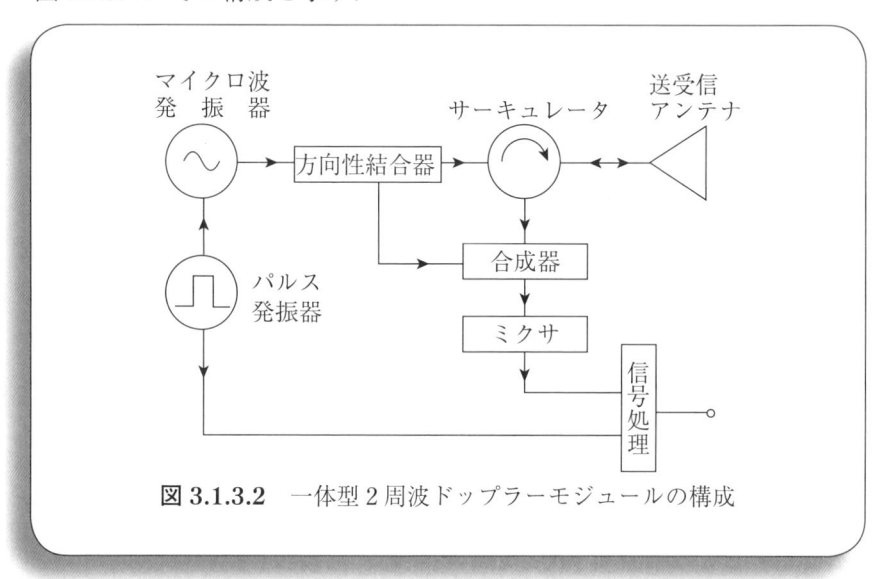

図3.1.3.2は図3.1.3.1に対して発振器部分をFM形の発振器として，この発振器をパルス発振器によりf_1, f_2の2周波の発振を行う．この方法により得られるドップラー波形は図3.1.3.3に示す如くとなる．

この図に示すようにドップラー波の周波数に対してパルス周期を十分短くすることにより，2周波のドプラー波を得ることが出来るので，この2つのドプラー波の位相を検出することにより距離情報を取り出すことが出来る．

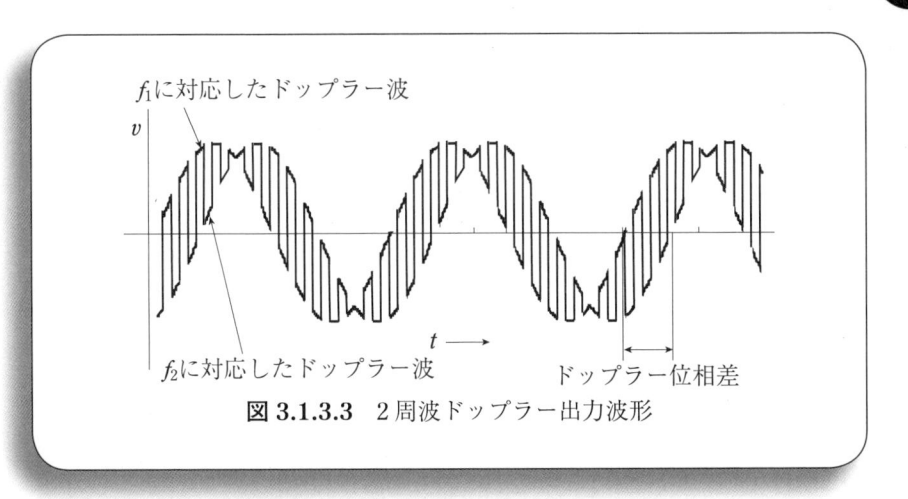

図 3.1.3.3　2 周波ドップラー出力波形

(図中ラベル: f_1 に対応したドップラー波、f_2 に対応したドップラー波、ドップラー位相差)

3.1.4　スピード計測用センサー

マイクロ波帯におけるドップラー効果を用いたスピード計測装置は非接触で且つ遠方から人あるいは物のスピードを計れることから応用分野は多い．

測定対象はマイクロ波を反射するものであればすべて可能であるが，鏡面反射体，例えば平面金属板のような物体では送信アンテナと金属平板との角度により反射波がアンテナに戻らないことがあり，この場合には測定することが出来ない．

マイクロ波ドップラーでスピード測定を行う場合にマイクロ波送受信系が動く場合例えば車載用対地スピードメータのような装置と，マイクロ波送受信系が固定しており運動物体のスピードを測定するような装置例えば自動車や野球のボールのスピード計測などがある．

アンテナが動き，そのアンテナが静止体に対してどのようなスピードで動くかの計測においてはアンテナが動くためにすべての静止物体はアンテナに対しては相対的に移動物体となる．この様子を図 3.1.4.1 に示す．

図において移動するアンテナから放射されるビーム角度を θ とすると静止物体 $1 \sim n$ から反射されるドップラー信号の出力は 3.1.1.4 式あるいは 3.1.1.8 式より

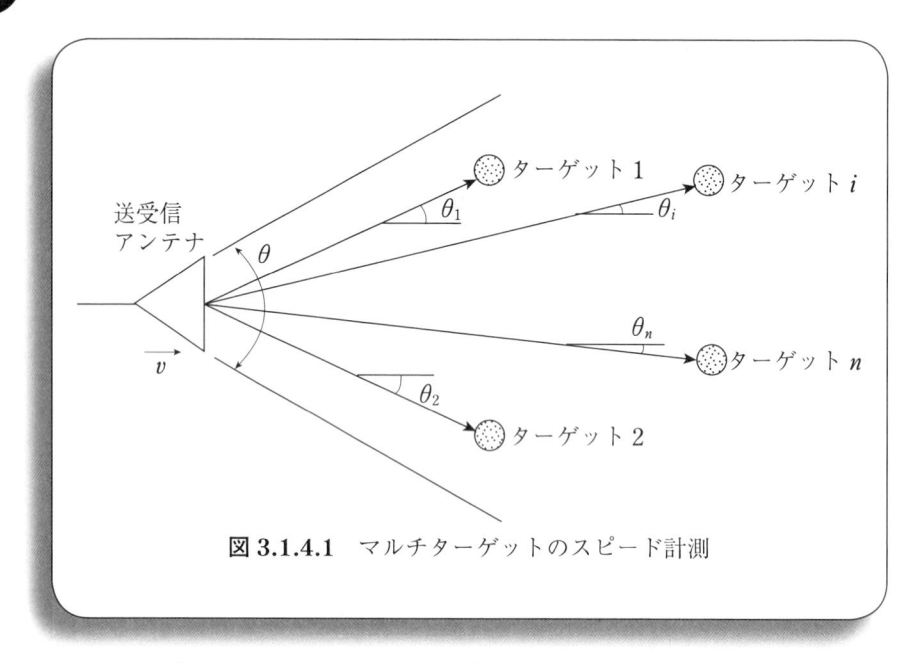

図 3.1.4.1 マルチターゲットのスピード計測

$$V_{DM} = \sum_{i=1}^{n} A_{Di} \sin\left(\frac{4\pi}{\lambda}\cos\theta_i vt + \theta_{Di}\right) \qquad 3.1.4.1 式$$

θ：電波ビーム角度

$\theta_1 \sim \theta_n$：電波放射方向とアンテナの移動方向との角度

となり，いろいろの周波数成分のドップラー波となり，スペクトルを単一に定めることが出来ない．

このような応用例の，代表的には車両の対地スピードメータにおいては電波のビーム角を出来るだけ狭くする．その結果 $\theta i \approx 0$ となり周波数の拡散が小さくなり，測定精度が向上する．実用的には 24〔GHz〕～ 76〔GHz〕帯における周波数で θ を 10°～ 1.5°程度まで実用されている．

アンテナが固定している場合のスピード計測は動く物体だけが測定対象となるので，周波数の拡散を起こさないのでドップラー周波数のカウントだけでスピード測定を行うことが出来る．表3.1.4.1にマイクロ波周波数とドップラー周波数をスピードに対して示した．但し運動の方向は電波の方向と一致している場合についてのものである．

ドップラー周波数は表 3.1.4.1 に示す通り低周波帯であり，信号処理上のデバイスについてはオーディオ帯のものを使うことが出来る．

表 3.1.4.1 スピードとドップラー周波数 (単位：Hz)

マイクロ波周波数 スピード	10.525GHz	24.125GHz	76.5GHz
1 m/s (3.6 km/H)	70	161	510
5 m/s (18 km/H)	351	804	2.6k
50 m/s (180 km/H)	3.5k	8k	25.5k
100 m/s (360 km/H)	7k	16k	51k
1 km/s (3600 km/H)	70k	160k	510k
10 km/s (36,000km/H)	700k	1.6M	5.1M

ドップラー信号で注意する点はドップラー信号には常に振幅変動成分があり，場合によると信号レベルが低下し，処理不能な場合もあるので，その対策としては感度の取れない領域の信号は除去し，その間のデータは欠落させ，前後のデータから予測される値とする方法が取られる．

3.1.5 セキュリティ用センサー

マイクロ波をセンサーとしてセキュリティ分野に応用する試みは各種行われている．その中で実用化が進んでいるものとして，広がりのある領域内に侵入者があった場合に検出するセンサーと，線状の領域に侵入者があった場合に検出するセンサーがある．

広がりのある領域を検出するタイプのセンサーはドップラーモジュールを使用する．

図 3.1.5.1 にその様子を示す．この種のセンサーではマイクロ波の放射パターンを要求される範囲に合わせることが必要であり，この目的のためにはアンテナの放射パターン設計により対応するが，マイクロ波のセンサーではこの領域設定が光学的なセンサーに比しあいまいな領域が存在する．

次にドップラーセンサーでは図 3.1.5.1 に示した領域内に，人間以外の犬や猫が侵入しても検知信号を出力する．

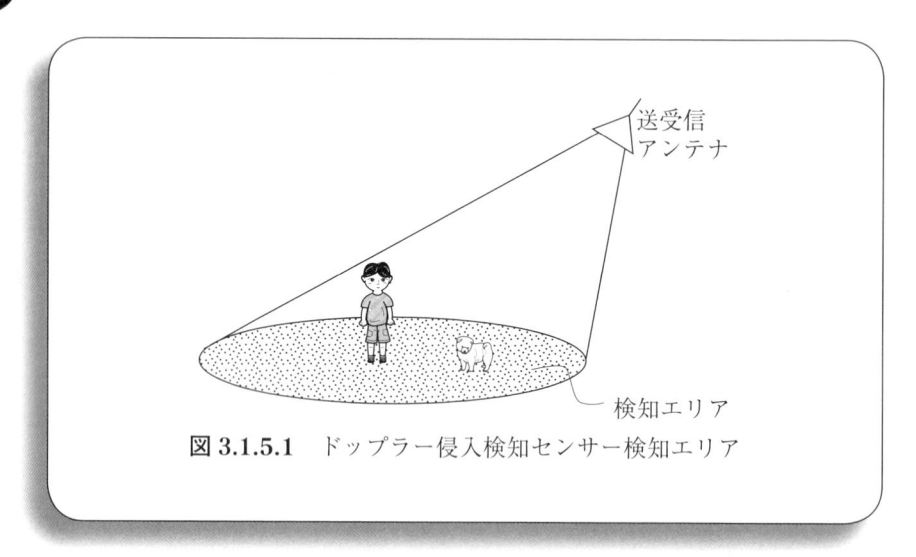

図 3.1.5.1 ドップラー侵入検知センサー検知エリア

この対策として，検知信号は一般に人間の方が大きいので振幅の大小により行うことが多いが，この方法だけで誤動作を皆無にすることが出来ないので他のセンサーとの併用なども行われている．

線状の領域を監視するセンサーはスパン形のセンサーとして実用化されているが，図 3.1.5.2 にその様子を示す．

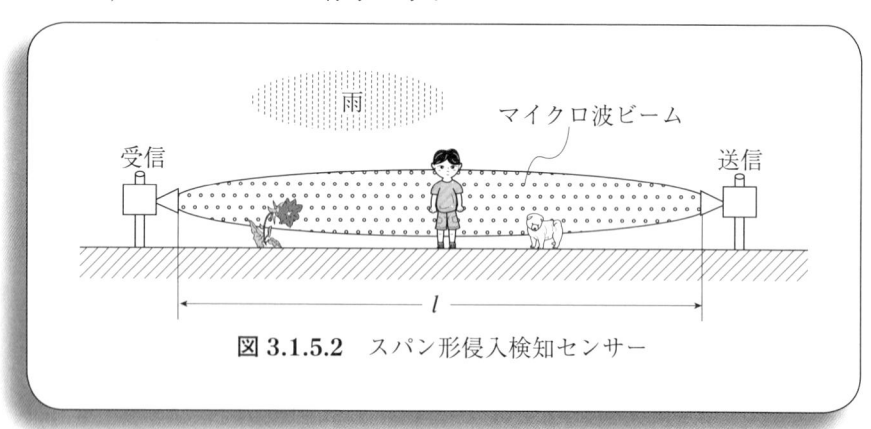

図 3.1.5.2 スパン形侵入検知センサー

図 3.1.5.2 において送信アンテナと受信アンテナで細いビームを形成し，その中に侵入者があった場合に検知信号を出力するが，この種のセンサーでは l として 100〔m〕程度の距離を必要とし，使用場所としては屋外で用

いられることが多いのでこれらの条件に合ったものでなくてはならない．

動作原理は送信器から受信機に向け送信したマイクロ波が侵入者により遮断され受信器の受信信号レベルが低下するのを検出する方式である．

この場合もエリア形センサーと同じように小動物による誤動作や，屋外であるので草木の成長による減衰量の増加あるいは降雨による減衰が誤動作要因であるが，降雨による影響は 100〔m〕程度のスパンでは誤動作を起こさない．

草木の成長によるマイクロ波レベルの低下あるいは送受信機の劣化によるレベル変動については長期間にわたりマイクロ波が草木の成長等に応じて少しずつ減少するので，この対策は図 3.1.5.3 に示すような回路で処理をする．この回路処理はマイクロ波の送信レベルが長期間で見た時に減衰することに対しても同時に対処することが出来る．この回路はマイクロ波の受信方式としては検波方式を採用している．図 3.1.5.3 において検波用ダイオードにより検波された電圧は 2 系統に分け一方は R, C により大きな時定数にとっておくと人の侵入等による短時間に変動するマイクロ波受信レベルの変動を受けない一方直接検波電圧は応答が早いのでこれらの差分が信号として検出される．長期変動に対しては両者の信号は変化をきたすことはないので信号として検出されない．

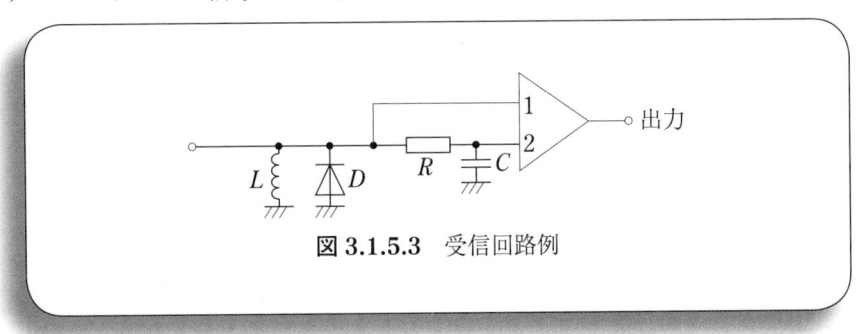

図 3.1.5.3 受信回路例

次にこの装置の主要性能を示す．

- 送信器主要性能

    送信周波数 10.525〔GHz〕±25〔MHz〕

送信出力	10〔mW〕
発振方式	ガンダイオード
アンテナ利得	20〔dB〕
電源	10〔V〕 200〔mA〕

- 受信機主要性能

受信周波数	10.525〔GHz〕±25〔MHz〕
受信感度	−40〔dBm〕
アンテナ利得	20〔dB〕
電源	10〔V〕 10〔mA〕

3.1.6 自動ドア用センサー

　自動ドアあるいは来客検知などのセンサーは接触式あるいは非接触方式と多様なセンサーが用いられているが，マイクロ波ドップラー方式は非接触センサーとして有力な方式の一つである．

　センサーとしてはセキュリティ用と同様であるが自動ドア用として注意する点は第一に検知エリアを明確に設定する必要がある．図 3.1.6 に示す如く人Aはドアの前を通り過ぎる人であり，この人に対してはドアの開閉は必要ではなく，人Bはドアに向かって来る人であり，ドアを開く必

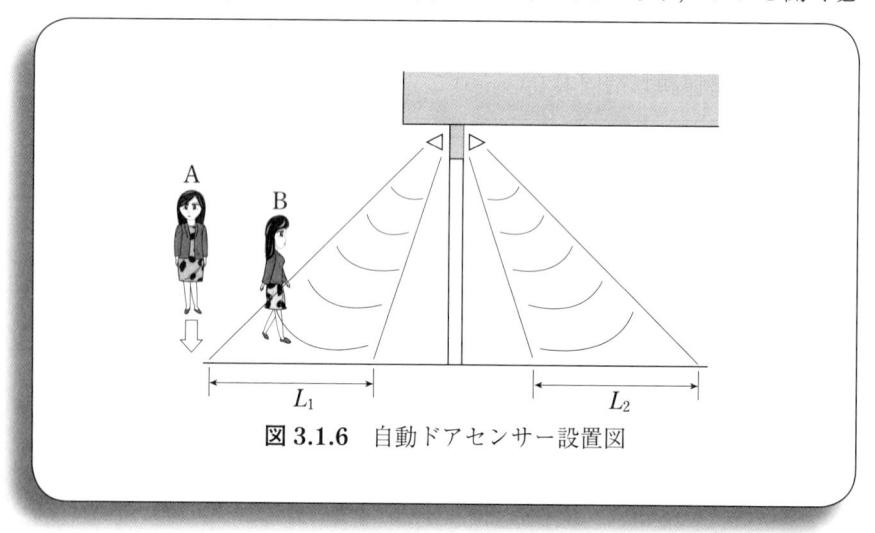

図 3.1.6 自動ドアセンサー設置図

要がある．この距離 L_1 あるいは L_2 はドアの設置される環境により異なり，アンテナの設置角度と電波ビームの角度により制御する必要がある．

自動ドア用としてはドアに人が近づくか遠ざかるかの検知を行うデュアルタイプドップラーモジュールが適していることは上記のことから明らかである．

ドップラー効果だけを用いたセンサーの場合に問題となるのはドアの中間で人が静止した場合であり，この間マイクロ波センサーとしては信号を出力しない．

従ってドアは閉じてしまい，人を挟みこむ危険がある．この防止のためには時間の制御，あるいは他のセンサー例えば光ビームなどと併用する方式も採用されるがマイクロ波センサーだけでこの問題をクリアするためにはドップラー信号だけでなく，距離信号などが出力されれば，より信頼性を向上させることが出来る．この種のセンサーについては測距モジュールの項で説明する．

3.1.7　省エネ用センサー

省エネルギー用センサーは人がいる場合にはスイッチ ON，いない場合には OFF にするような用途で用いられる．

このような用途に用いられるセンサーは防犯用センサーとしての応用，あるいは安全のためのセンサーにも利用できる．マイクロ波ドップラーセンサーは物の動きに対して反応するので利用が進んでいる．

このような応用に用いる為にはセンサー自体の消費電力を小さくすることが求められる．

ドップラーセンサーで最も大きなパワーを消費する部分はドップラーモジュールのマイクロ波発振器であるので，この発振器をパルス変調することにより低消費電力化を測ることが出来る．

図 3.1.7.1 にパルス動作を行った場合のパルス波形とドップラー波との関係を示す．

図 3.1.7.1 においてパルス動作したドップラーモジュールはパルスの波

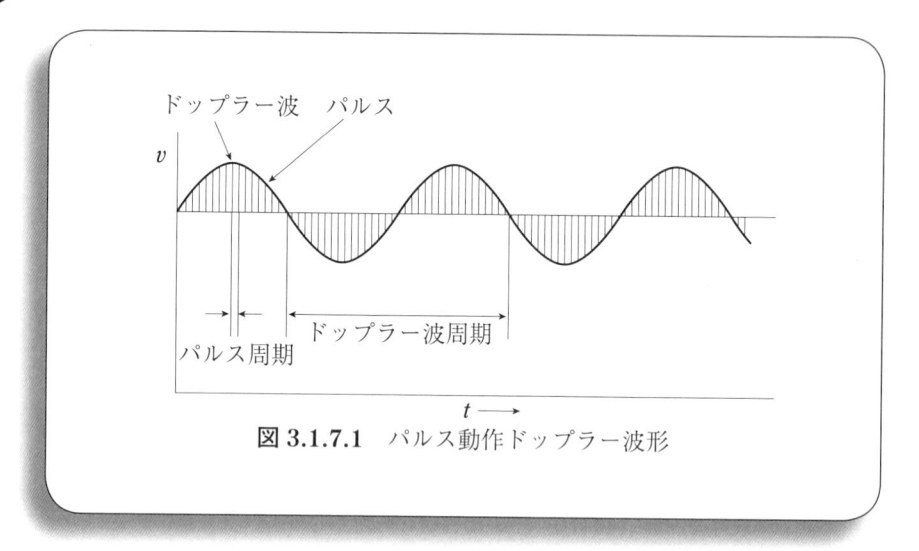

図 3.1.7.1　パルス動作ドップラー波形

高値を接続するとドップラー波となるので，パルス繰り返し周期はドップラー周期よりも短く取り，パルスの波高値を接続した場合にドップラー波が再現できるようにする．

10〔GHz〕のドップラーモジュールのパルス動作を行った場合の一例としては下記の如くである．

- 10〔GHz〕帯ドップラーモジュールのパルス動作一例
  発振周波数　10.525〔GHz〕
  消費電力　　　　　10〔V〕　1.5〔mA〕

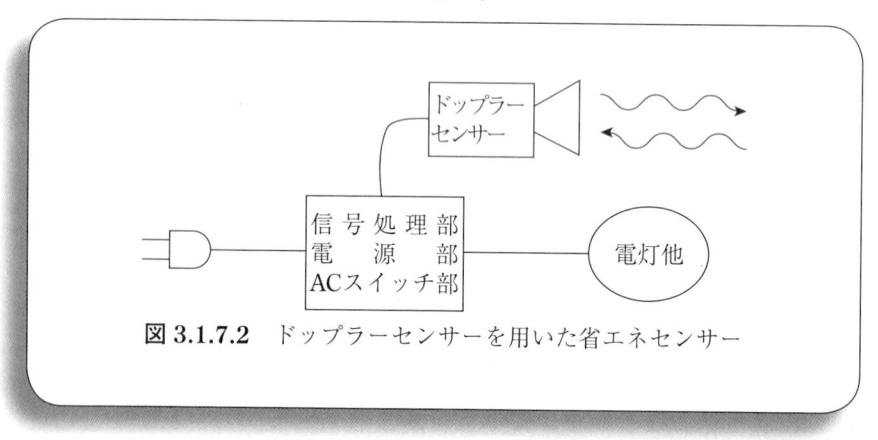

図 3.1.7.2　ドップラーセンサーを用いた省エネセンサー

パルス条件	電圧	1〔V〕
	繰り返し	1〔kHz〕
	パルス幅	1〔μs〕

このようなパルス動作ドップラーモジュールを用いるとドップラーセンサー全体の消費電力を 10V 3mA 以内で働かせることが出来る．

本ドップラーセンサーを用いた省エネセンサーの構成図を図 3.1.7.2 に示す．

3.1.8 その他の応用例

マイクロ波領域でのドップラー効果の応用については種々検討されており，多方面に広がりつつある．それらの中でマイクロ波を用いることにより比較的簡単に装置化出来る事例について説明する．

○ 振動測定
物体の振動あるいは楽器の振動などの振幅と振動周波数について容易に検出することが出来る．

○ 異物検出
一様な物体，例えば紙，繊維，ガラス等に入った異物の検出には有効に動作する．
このような応用例では物体と異物のマイクロ波に対する反射係数が異なることが条件として必要である．

○ 回転測定
モーターなどの回転数測定は振動数の測定と同様な方法で簡便に検出することが出来る．

3.2 変位計

マイクロ波帯でのホモダインタイプのドップラーモジュールでは 3.1.1.3 式で示されるように測定対象物からの反射波のミクサ出力はその対象物が動かなければ直流項となり，何の情報も得られない．対象物が動き出すとそれに伴い位相が動き 1/2 波長動く毎に 1 周期となるので周波数のレンジ

で観測される．

このようにホモダイン形ドップラーモジュールは動的な物標に対しては情報が得られるが，静止物標に対して何も情報を得られないのに対して，静止した物体からの反射波が送信波に対して位相が何度遅れて反射したかを正確に測定するものに変位計がある．
その原理を図 3.2.1 により説明する．

図 3.2.1 において f_1 を送信周波数，f_2 を局部発振周波数とする．

この系で送信波を送信アンテナより放射し，ターゲットにより反射されたマイクロ波を受信アンテナを介してミクサⅡに入力する．このミクサⅡで f_2 なる周波数の局部発振器出力と混合する．一方 f_1 なる周波数の送信用発振器の出力の一部を f_2 なる局部発振器出力の一部とミクサⅠで混合して基準位相とする．送信器の発振周波数 f_1 と受信用局部発振器の発振周波数 f_2 に対応した角周波数を ω_1，ω_2 とすると，ミクサⅠの出力電圧 V_r は

$$V_r = A_r \sin\{(\omega_1 - \omega_2)t + \theta_1\} \qquad \text{3.2.1 式}$$

図 3.2.1 変位計の原理構成図

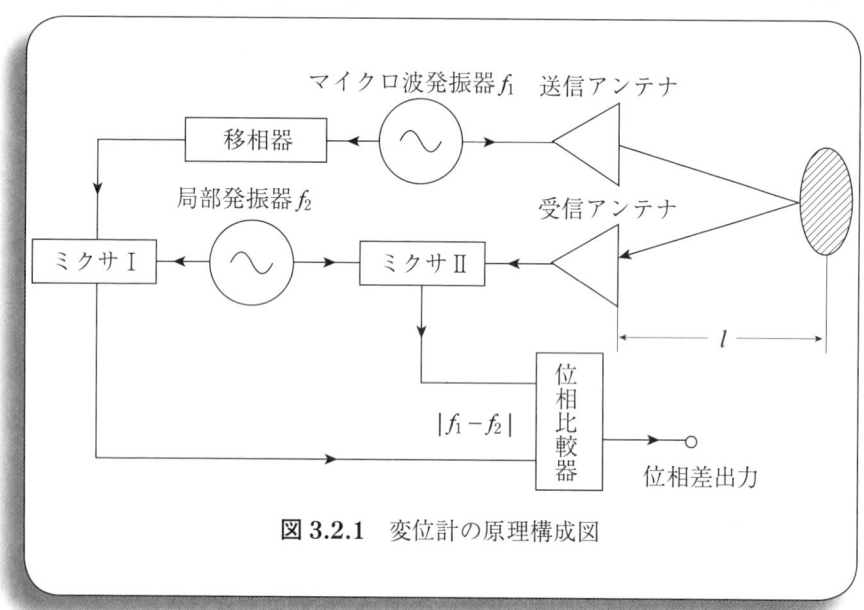

A_r：振幅定数

θ_1：固定位相角

ここで $\omega_1 - \omega_2 = \omega_{IF}$ とおくと

$$V_r = A_r \sin(\omega_{IF} t + \theta_1) \qquad 3.2.2 式$$

一方送信アンテナからターゲットにより反射され，ミクサⅡにより作られる受信信号電圧を出力 V_X とすると

$$V_X = A_X \sin\left(\omega_{IF} t + \frac{4\pi l}{\lambda_1} + \theta_2\right) \qquad 3.2.3 式$$

A_X：振幅定数

l：アンテナとターゲットとの距離

λ_1：送信波 f_1 に対応した波長

θ_2：固定定数

3.2.2 式で示される θ_1 は固定位相であるが，この θ_1 は図 3.2.1 に示した移相器により θ_2 に合わせることが出来るので 3.2.3 式を移相器の調整により次のようにすることができる．

$$V_r = A_r \sin(\omega_{IF} t + \theta_2) \qquad 3.2.4 式$$

$$V_X = A_X \sin\left(\omega_{IF} t + \frac{4\pi l}{\lambda_1} + \theta_2\right) \qquad 3.2.5 式$$

3.2.4 式を基準波として 3.2.5 式で示される受信波を図示すると図 3.2.2 の如くとなる．

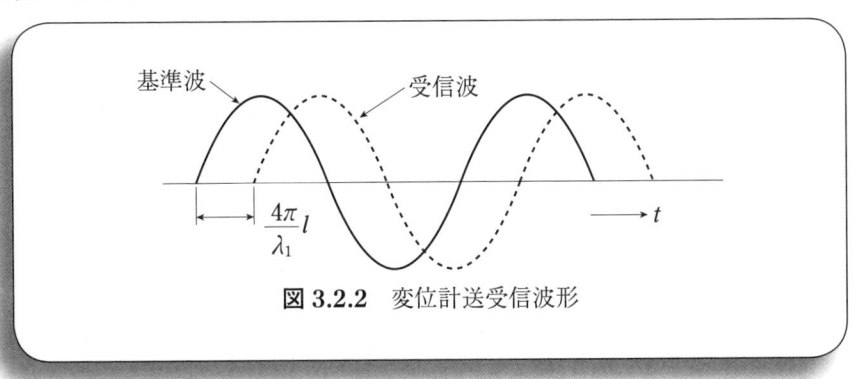

図 3.2.2　変位計送受信波形

図 3.2.2 においてターゲットが動くと連続的に破線で示した受信波の位

相が変化するので，変位量が位相角度として測定出来る．

この原理に基づき実際の装置における構成を図 3.2.3 に示す．

図 3.2.3 に示す装置例では局部発振器には VCO を用い基準波としては水晶発振器を用いている．この水晶発振周波数が基準となるように PLL を介して送信用マイクロ波と局部発振器を制御している．図 3.2.1 で示した移相器は実際の装置では信号処理部にマイクロ波帯の移相器に相当する機能を持たせている．

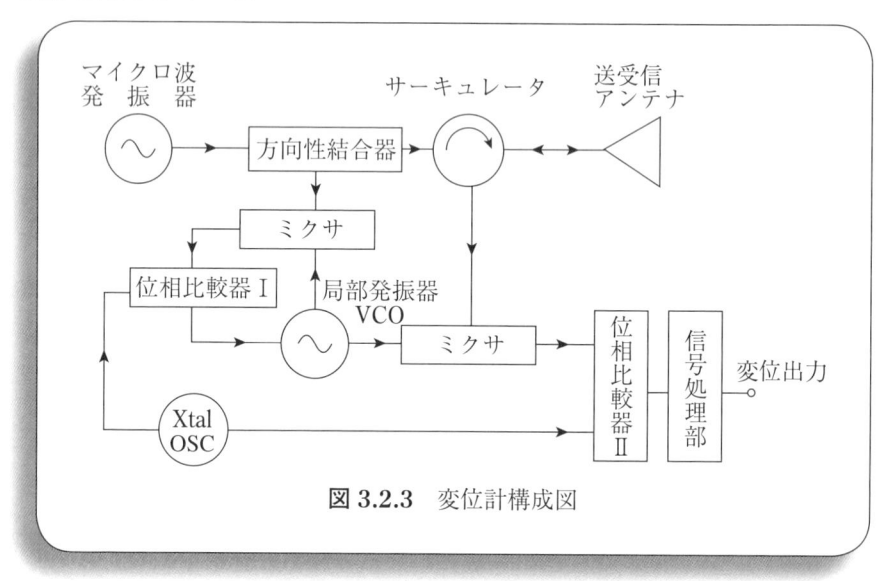

図 3.2.3 変位計構成図

この変位計はターゲットの変位を計測することは出来るがアンテナからターゲットまでの絶対距離を計測することは出来ない．またターゲットが複数の場合にもその分解能がないので，あくまで単一のターゲットに対して有効に働く装置である．

3.2.1 液面レベル計

変位計の応用で有効なものとして水面，溶鋼液面，溶融ガラス液面あるいは油貯蔵タンクの液面計など多方面に利用されている．

これらの用途はターゲットが単純な平面であり，単一ターゲットに有効な変位計の特性に合っていること，非接触で計測できる利点があることに

よるものである．

　変位計では原理的な精度は使用周波数を 10〔GHz〕，位相角の読み取り精度を 1 度とすると分解能 Δr は

$$\Delta r = \frac{\lambda}{2} \cdot \frac{1}{360} = \frac{30}{2} \cdot \frac{1}{360} = 0.04 〔\text{mm}〕$$

　　λ：10〔GHz〕のマイクロ波の波長

となり高精度である．

　この精度を悪化させる最大の要因は，不要ターゲットからの反射波あるいは送受信間のアイソレーション（入力と反射分との分離度）不足によるものである．

　液面計では特別の場合を除いて図 3.2.1.1 に示すように液面は単一であり，不要ターゲットの存在は少なく，この点での誤差要因は少ない．

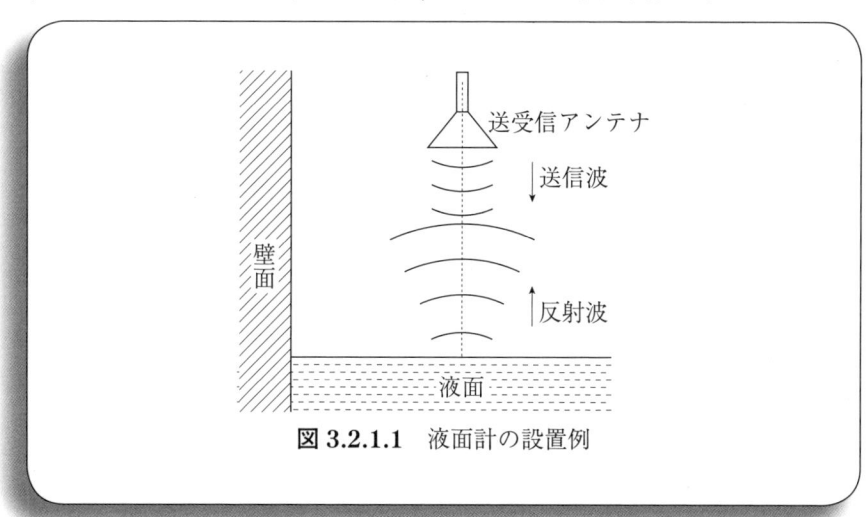

図 3.2.1.1　液面計の設置例

　残る問題はアイソレーション不足によるものであり，この点を解決すると変位計方式による液面計は高精度を維持できる．

　アイソレーションが悪いことによる誤差要因は図 3.2.1.2 においてサーキュレータの性能に起因するものと送受信アンテナのアンテナから反射するものがある．サーキュレータは本来，図 3.2.1.2 においてポート①から

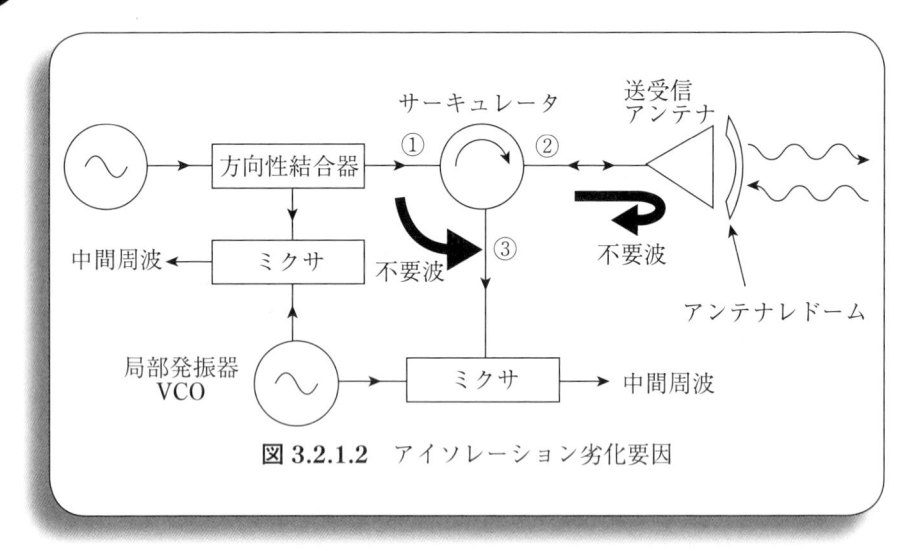

図 3.2.1.2 アイソレーション劣化要因

入力されたマイクロ波はポート②へ出力され，ポート②に入力するとポート③に出力するものであるが，ポート①に入力されたマイクロ波の一部がポート③に出力されると，このマイクロ波は変位情報を含まないので不要波として作用し，誤差要因となる．

この対策を行う為に図 3.2.1.3 の構成を用いる．

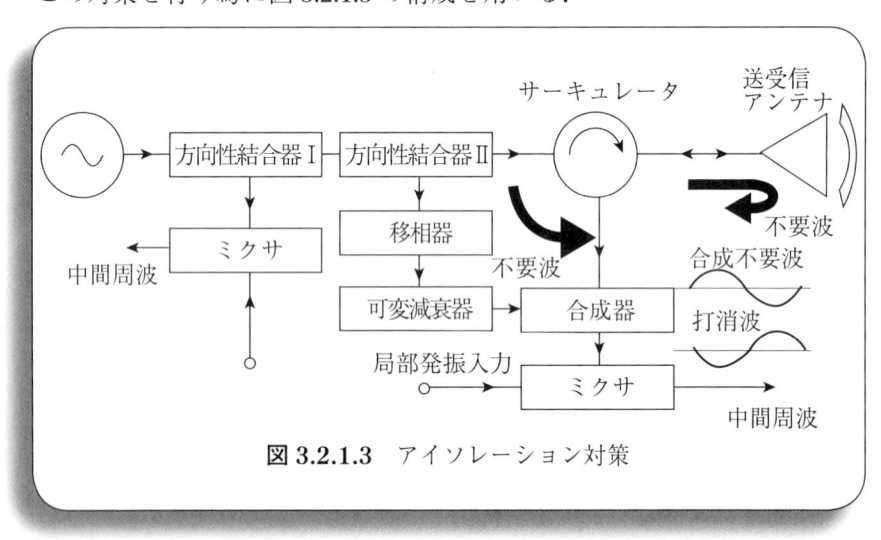

図 3.2.1.3 アイソレーション対策

図3.2.1.3において測定に誤差を与えるマイクロ波としてはサーキュレー

タの回り込み波とアンテナ自身からの反射波であり，この合成波がミクサに入り受信されるので，このマイクロ波を消去する為に送信波の一部を方向性結合器Ⅱから出力し，このマイクロ波の位相を合成不要波と逆相とし，振幅を合成不要波と等しくすることにより不要波を消去することが出来る．

多くの場合にこの方法で総合精度として1〔mm〕以下を達成し，装置化されている．

用途によりアンテナの反射量が時間と共に変化するような場合にはマイクロ波の打消し条件が崩れて精度が劣化する．この種の用途は例えば液面が高温の溶融金属面あるいはガラス液面のような場合に，アンテナに付着物が蓄積し，マイクロ波の反射量が大きくなる．このような場合には図3.2.1.4に示す如く，アンテナを送受信で分離する方法が用いられる．

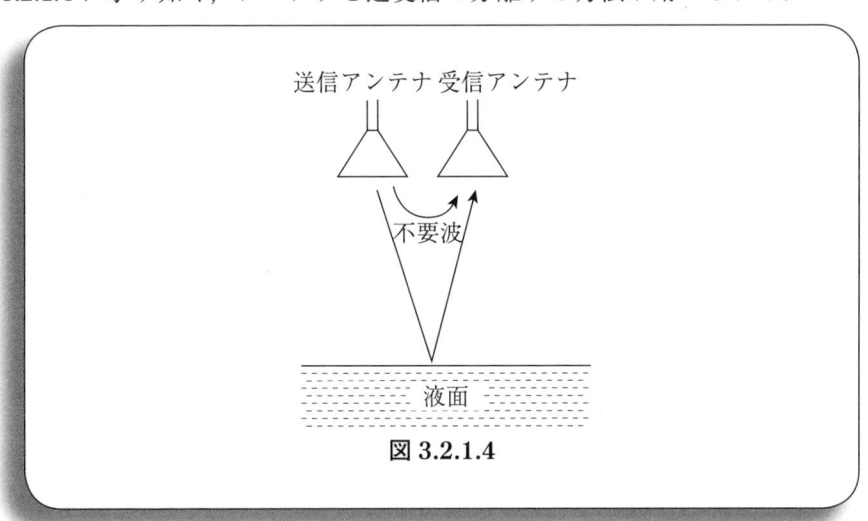

図 3.2.1.4

この場合にはアンテナが送受それぞれ別のものであるので，送受信アンテナを共用化するために用いたサーキュレータを使う必要がないことと，アンテナの反射による誤差要因もないが，新たな誤差要因として送受アンテナの直接結合による誤差要因が発生する．この対策としては送受アンテナの偏波を変える方法，アンテナ間距離を遠ざける方法，送受アンテナの

間に結合を分離する機構的構造物を挿入するなどの対策を行っている．

3.2.2　レスポンダー方式変位計

マイクロ波位相を直接測定する方法は変位量の測定，あるいは基準値を最初に入力することにより距離測定装置として高精度な測定を行うことが出来る．3.2.1項で示した変位計においては変位量の測定における精度の低下は不要波に起因するものが殆どであり，この不要波を如何に低減するかが装置を実現する上で主要な技術であった．

また3.2.1項で述べた装置において，測定レンジは10〔m〕程度まででありり，距離を飛躍的に大きくすることは，送信電力を大きくしない限り出来ない．小電力を用いて不要波問題の解決と測定レンジの拡大を図ったものがレスポンダー方式の変位計である．

図 3.2.2.1　レスポンダー方式変位形原理図

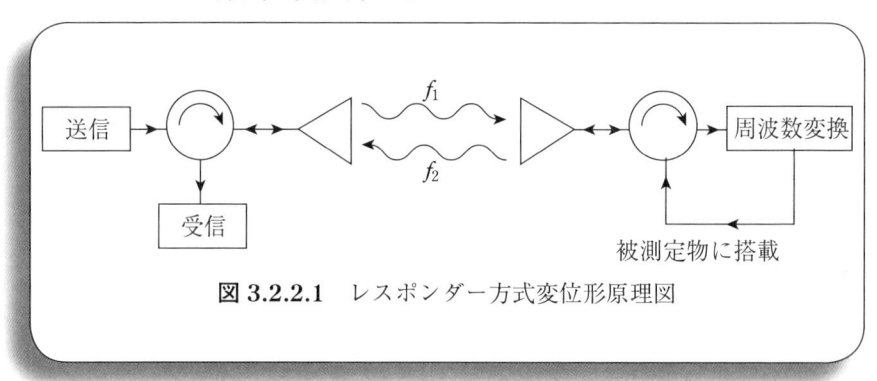

図3.2.2.1はレスポンダー方式変位計の構成を示したものであるが，f_1なる周波数のマイクロ波送信をレスポンダーに向けて行う．レスポンダーはその送信されてきたマイクロ波の周波数をf_2なる周波数に変換して再送信し，送信器側に送り返す．ここでのレスポンダーは送信されてきたマイクロ波との位相関係は固定移相を除けば送信波のマイクロ波との位相関係は維持されており，位相の不連続性はない．このようなレスポンダーを被測定物に搭載しておくことにより，変位量を測定できる．

この方法では装置本体から送信するマイクロ波の周波数はf_1であり，受信周波数はf_2なので，3.2.1項の変位計で問題となった回り込み問題の解

決を図ることが出来る．又通常の一次レーダでは信号は距離の4乗で減衰するが，レスポンダーの場合には2乗で減衰するので測定レンジの拡大も図ることが出来る．

図3.2.2.2はレスポンダー装置の一例である．図に送受信側はf_1の送信とf_2の受信を行う回路構成となっており，受信の中間周波数が水晶発振器の周波数となるようにPLL回路で局部発振器のVCOを制御している．

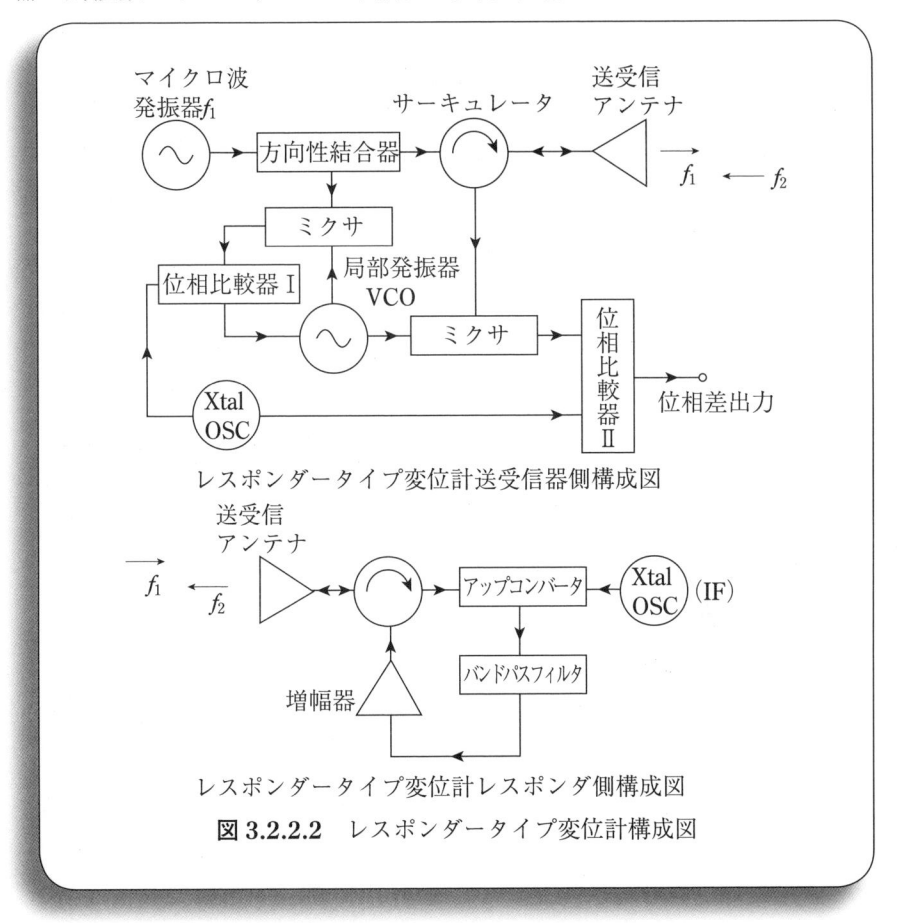

図 3.2.2.2 レスポンダータイプ変位計構成図

レスポンダー側では送信されてきたf_1に水晶発振器の周波数を加えるアップコンバータとバンドパスフィルタ，増幅器により構成されており，このレスポンダー構成を採用することにより位相の連絡性を維持してい

る．

　この構成において送信側からレスポンダー側への周波数をf_1，レスポンダー側から送信側への送信周波数をf_2とし，それに対応する波長をλ_1, λ_2とすると，送信側からレスポンダー側への送信では受信波V_Rは

$$V_R = A_1 \sin\left(\omega_1 t + \frac{4\pi r}{\lambda_1} + \theta_1\right) \qquad 3.2.2.1 式$$

　　r：被測定物までの距離
　　ω_1, ω_2はf_1, f_2に対応する角周波数
　　λ_1, λ_2はf_1, f_2に対応する波長
　　θ_1, θ_2, θ_3, θ_4は固定位相量

これにIFを加え，レスポンダー側からの送信波とすると送信波V_Tは

$$V_T = A_2 \sin\left(\omega_2 t + \frac{4\pi r}{\lambda_1} + \theta_2\right) \qquad 3.2.2.2 式$$

この波を送信器側で受信すると受信波V_{TR}は

$$V_{TR} = A_3 \sin\left(\omega_2 t + \frac{4\pi r}{\lambda_1} + \frac{4\pi r}{\lambda_2} + \theta_3\right) \qquad 3.2.2.3 式$$

この波をミクサによりIF変換したV_{IF}は

$$V_{IF} = A_4 \sin\left\{\omega_3 t + 4\pi r\left(\frac{1}{\lambda_1} + \frac{1}{\lambda_2}\right) + \theta_4\right\} \qquad 3.2.2.4 式$$

　　ω_3：IFの角周波数

3.2.2.4式においてλ_1, λ_2は既知であるので変位量rを位相角として測定することができる．

　この方式で10〔GHz〕帯を用いて100〔m〕での変位量の精度として5〔mm〕以内におさえることが出来る．このレスポンダー方式ではレスポンダー側に電源を持たせているが，完全なパッシブタイプのレスポンダーや，送信波に振幅変調を加え，その変調波の位相遅れの計測を行うことにより絶対距離測定を行う方法など様々な技術開発が進められている．

3.3 測距

　非接触で目標物体までの距離をリアルタイムで測定するための手段には，波動として伝搬する光や音波，電波があるが，光は遠距離の測距には見通しが悪く，音波は空気を媒体とするので気圧や風による誤差が大きく，遠距離用の測距装置としては電波によるものが主役である．
特に電波の中でもアンテナの指向性を狭くする必要から，マイクロ波が用いられている．

　従って遠距離用の測距はレーダ分野であり，マイクロ波の応用の一大分野であるが，本書では取扱わない．これとは別に近距離用の測距は光による方法でも近距離では見通しの悪さもなく利用可能であるし，音波についても近距離では気圧や風も大きな問題とならない応用分野も多々存在するので，この3つの方式は近距離測距装置としてそれぞれ競合している．

　測距の原理は単純で，この光や音あるいは電波がそれぞれの速さで目標物体までの往復に要する時間を計測することである．

　この時間計測は音波の場合は速さが300〔m/s〕，マイクロ波・光では 3×10^8〔m/s〕であり，電磁波の場合は高速の処理が必要であり，特に近距離となるとより高速性が要求される．

　一方精度に関して，近距離測距は従来のマリンレーダ等の遠距離レーダに比し特に絶対誤差は桁違いに小さな値が必要である．

　一方で車載レーダを初め近距離測距用途が拡大しているので各種の方式が開発されつつある．

3.3.1　パルス方式測距モジュール

　パルス方式の測距は古くからマリンレーダ，気象レーダなど多くの用途に用いられて来ているが，この方式ではアンテナからパルス変調したマイクロ波を放射し，物標により反射され再び戻って来るまでの時間計測を行うことにより距離測定を行う．物標までの距離を R とするとマイクロ波の往復に要する時間 T は

$$T = \frac{2R}{C} \qquad \text{3.3.1.1 式}$$

C：光速　$3 \times 10^8 \,[\text{m/s}]$

　本書で扱うマイクロ波モジュールでは測距レーダとして $1 \sim 100\,[\text{m}]$ を対象とするので，電波の往復に要する時間は短くなる．表 3.3.1.1 に距離と往復に要する時間を示す．

表 3.3.1.1　物標までの距離と往復に要する時間

物標までの距離（m）	往復に要する時間（ns）
1	6.6
10	66.6
20	133.3
50	333.3
100	666.6
150	1000

　パルス変調型のレーダでは送信パルスと受信パルスを分離する為にパルス幅を往復に要する時間以下とする必要があるので，表 3.3.1.1 に示した値からしても，高速パルス（パルス幅の狭いパルス）を作り出す必要がある．

　送信パルスの幅が狭くなるとそのパルスを受信する為には受信帯域幅を広くする必要があり，その最適受信帯域の目安は 3.3.1.2 式で示される．

$$B = \frac{1.2}{\tau} \qquad \text{3.3.1.2 式}$$

B：帯域

τ：送信パルス幅

　この送信パルス幅と所要帯域幅の関係を表 3.3.1.2 に示す．

表 3.3.1.2　送信パルス幅と所要帯域

送信パルス幅（ns）	所要帯域幅（MHz）
1	120
5	24
10	12

表 3.3.1.1, 表 3.3.1.2 から明らかなようにパルス変調方式の測距では高速パルス変調されたマイクロ波送信と広帯域受信が必要となる．

図 3.3.1.1 に示した構成図は測距モジュールの基本形を示す．

図 3.3.1.1 において送信周波数 f_1 と局部発振周波数 f_2 の差が IF 周波数となるが，受信帯域を広くする必要から IF 周波数としては 1〔GHz〕以上に設定する必要がある．変調器としては PIN ダイオードあるいは FET を用いる．

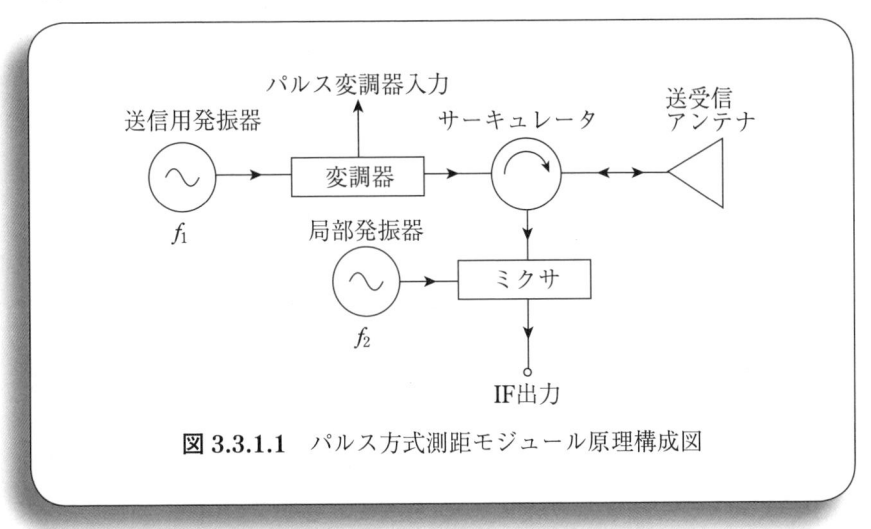

図 3.3.1.1 パルス方式測距モジュール原理構成図

以上述べたように近距離測距を行うモジュールは高速パルス変調技術や広帯域受信などの技術を用いる為に全体として高価なものになるが本来この種のモジュールは一種のセンサーとして用いる為のものであり，価格の低減が必要である．この為に変調器については発振器のオフセットバイアス方式によりドライブする方法，あるいは受信機にはホモダイン受信を行うことにより局部発振器を使わないなどの技術開発が行われている．

3.3.2　FM-CW 測距モジュール

FM-CW 測距方式はパルス方式と異なり連続波を用いている．

パルス方式の測距が直接的に時間軸で送信パルスに対して受信パルスがどの程度遅れたかを計測したものであったが，本方式では送信波に周波数

変調を加えておき，送信波が物標で反射されて戻るまでに送信器がどの程度周波数が変わっているかを計測する．

従って送信波と受信波の周波数の差が距離情報を含んでいる．その様子を図 3.3.2.1 に示す．

図 3.3.2.1 FM-CW方式の変調信号と受信信号の関係

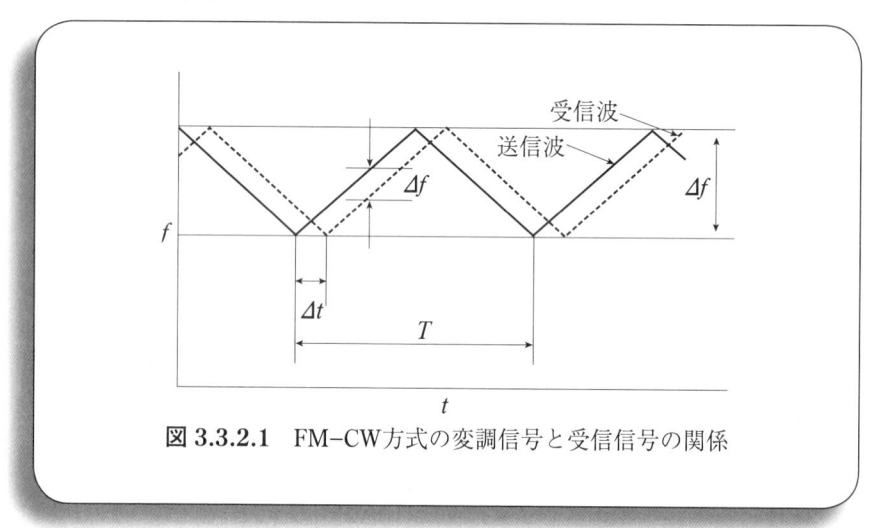

図 3.3.2.1 は反射物標が一つの場合について示しており，この図で距離による遅れ時間を Δt とすると，実時間上で送信周波数と受信周波数を比較することにより Δf の差を測定できる．この Δf が距離情報に対応するものである．反射物標が多い場合には様々の周波数の波が合成された波として観測されるのでこれらの周波数成分を取り出す必要があり，リアルタイム処理のためには高速フーリエ変換を行う．

FM-CW測距においても近距離での計測では周波数変調帯域 Δf を大きくとる必要があるが，この帯域幅の関係はパルス形測距の受信帯域と同様である．FM-CW測距ではホモダインミクサを用いる場合が多く，図3.3.2.2にその構成図を示す．

FM-CW測距におけるFM形の発振器はFMの直線性を良くすることが測定の精度を確保する上で必要である．

またミクサあるいは増幅器の系でもリニアリティーの確保をすることが

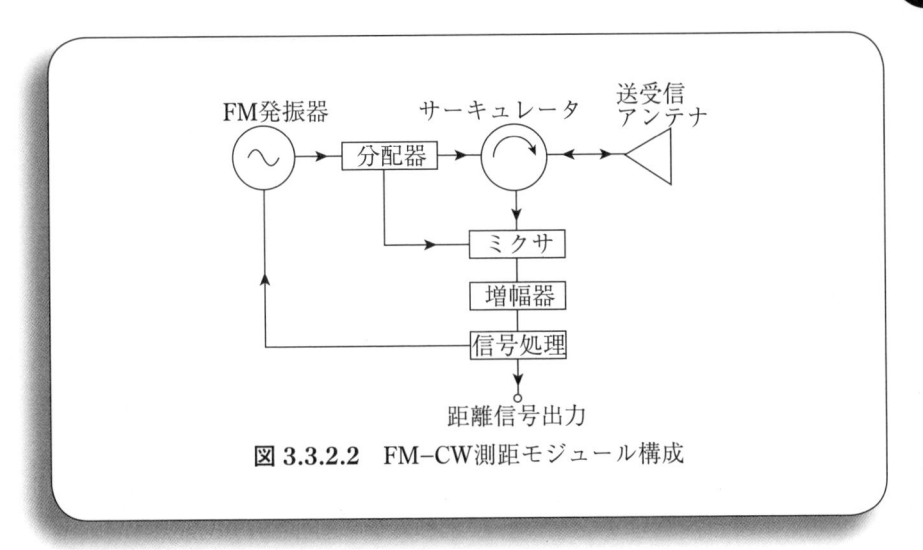

図 3.3.2.2 FM–CW測距モジュール構成

重要である．

FM–CW測距においては測距情報が周波数軸上にあるのでドップラー効

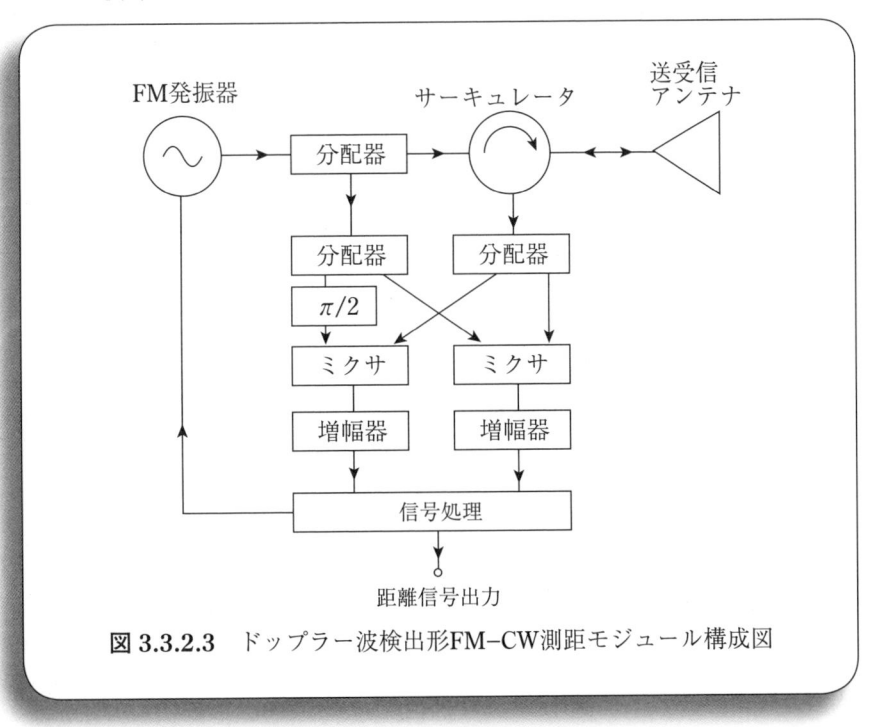

図 3.3.2.3 ドップラー波検出形FM–CW測距モジュール構成図

果によるスペクトルも原理的に加算される．しかもこのドップラー効果による周波数成分は距離情報の帯域内に入り込むことが多い．

ホモダイン受信ではこのドップラー周波数が正の位相回転による周波数成分も負の位相回転による周波数成分も正の周波数として観測される．この為にドップラー効果による正負の位相回転による周波数を分離する必要がある．これを解決する一例を図3.3.2.3に示す．

図において送信波即ちホモダインミクサの局部発振源を分配し，2つのミクサで混合し，その一方を$\pi/2$シフトすることにより，ドップラ波の位相弁別を行うことにより，物標の動的な情報を得ることが出来る．

この例の他にもドップラー周波数を検出する為にホモダインミクサでなく，IFを取り出す方法などそれぞれ工夫をする必要がある．

3.3.3　位相検出形測距モジュール

近距離の測距を行う場合にパルス方式，FM–CW方式においては高速パルス，広帯域増幅器，あるいは広帯域FM発振器などハードウエアとして高価とならざるを得ない．

近距離測定の用途，例えば近接防止センサー，自動車の後方安全センサー，トイレ用センサー，自動車側方監視センサーなどの使い方では，センサーとしての感知範囲は高々数m以内であるが，これをパルス方式，FM–CW方式の測距で対応しようとするとハードウエアとしては複雑で高価なものとならざるを得ない．この種のセンサーに於いて，センサーに求められる性能が何であるかを整理し，本項で示す位相検出形測距モジュールでは目標検出体をシングルターゲットに絞った測距モジュールである．多くの場合近距離センサーではシングルターゲットセンサーで十分その目的を果たし得るものであり，従って本モジュールでは複数の物標の距離の分解能は持たないが，単一ターゲットに対しては精度を維持できる．このことによりセンサーとして単純化することが可能であり，価格の低減も図り得る．

この方式は送信マイクロ波にパルス変調，あるいは正弦波変調を加え送

受信を行い，変調波の位相検出により距離を測定するものである．この方式による構成を図3.3.3.1に，変調波と受信復調波の関係を図3.3.3.2に示す．

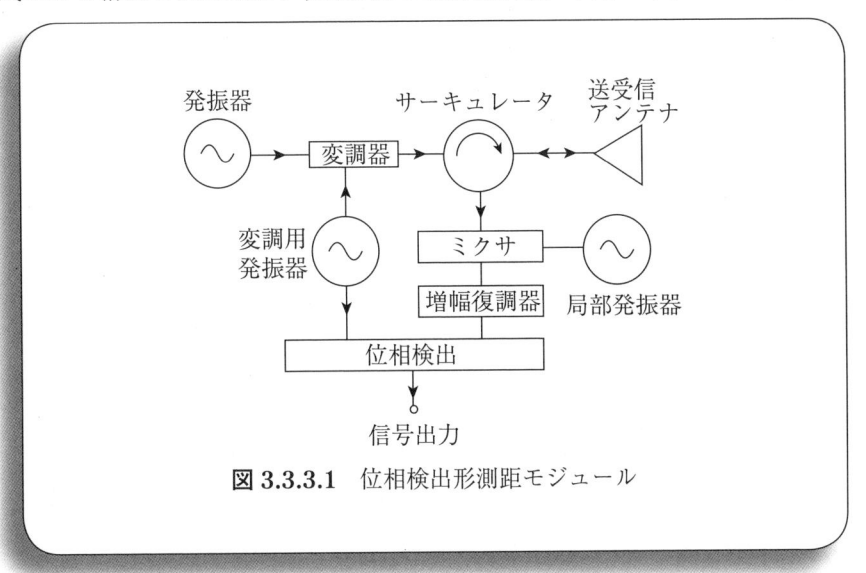

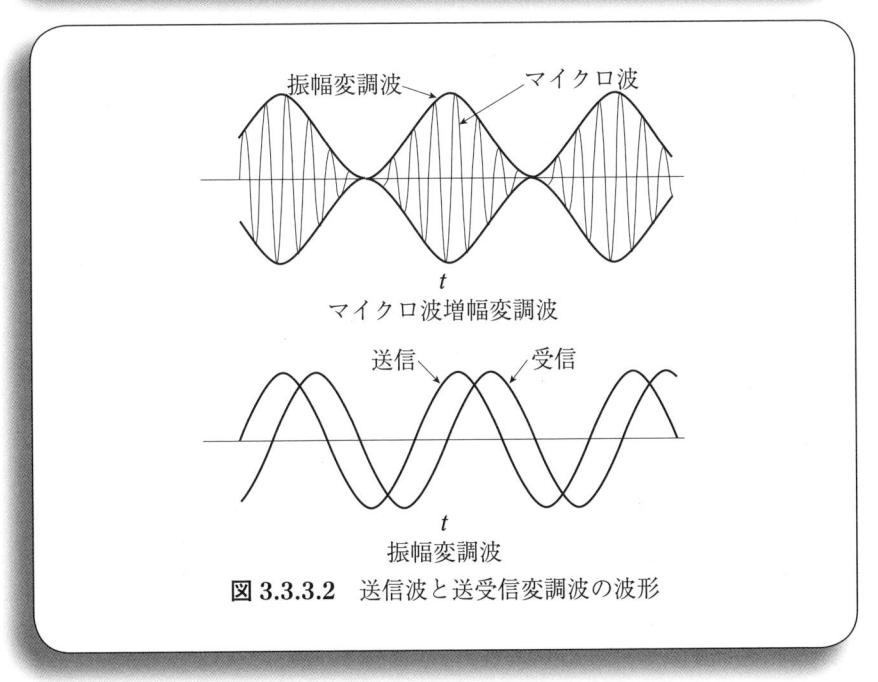

図 3.3.3.1 位相検出形測距モジュール

図 3.3.3.2 送信波と送受信変調波の波形

変調波の半波長が計測可能な最大距離を与えるので，計測したい最大距離に合わせて変調周波数を適切に設定する必要がある．例えば 10〔m〕以上の，ある程度遠い距離まで測定しようとする場合，変調周波数は 15〔MHz〕以下の低い周波数が適する．距離情報の取得のために変調波波長を利用し，アンテナで有効な収束を行うために搬送波をマイクロ波帯におくのである．

3.3.4 振動測定

振動する物標の振動測定を行う場合には，振動周波数，振動波形と振幅を計測する必要がある．

マイクロ波を用い，非接触でこれらの振動測定を行うことが可能である．振動周波数と振動波形の近似値の測定にはドップラーモジュールを用いることが出来る．

図 3.3.4.1 において振動物標が静止している状態で物標と送受信アンテナの距離 l に対してドプラー出力は (B) 図に示す如くドップラー送信周

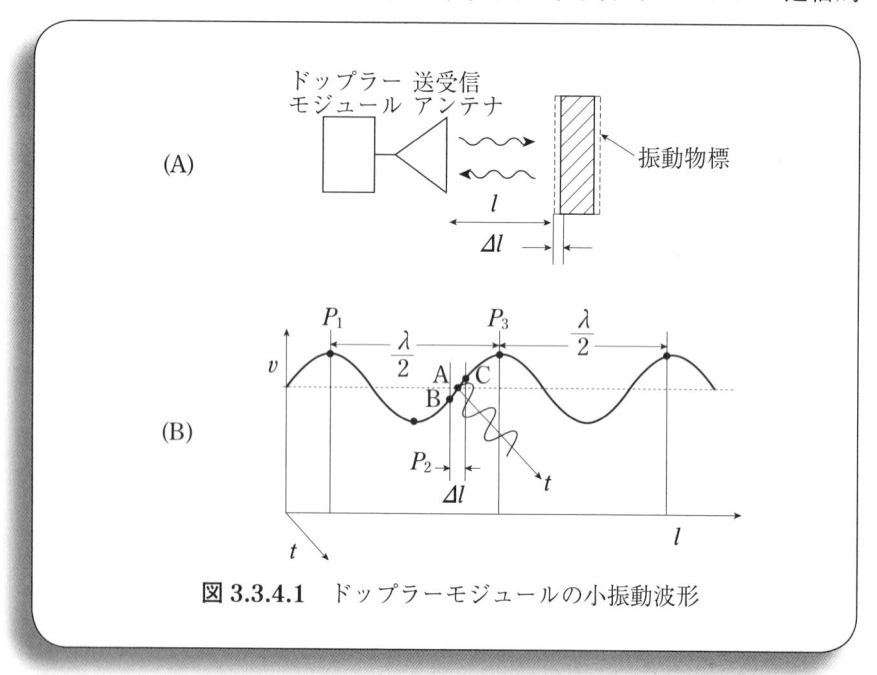

図 3.3.4.1 ドップラーモジュールの小振動波形

波数に対応した波長の $\lambda/2$ 毎に 1 周期を示す．この波形はほぼ正弦波であり，l が大きくなると振幅は距離の 4 乗で減衰する．

l を A 点で固定し，その点を中心として Δl の振幅で物標が振動を起こすと時間軸上に振動周期と波形が示される．A 点としてはドップラー波の直線性の良い点を選ぶ必要がある．また P_1, P_2, P_3 等の点ではドップラー波が折り返すので周波数が実際の周期の 2 倍に計測されるので注意する必要がある．

位相検出形モジュールを用いると振動周波数，波形，および振幅を測定することが出来る．

図 3.3.4.1 に示した l に対して位相検出モジュールでは出力は図 3.3.4.2 に示す如くとなる．

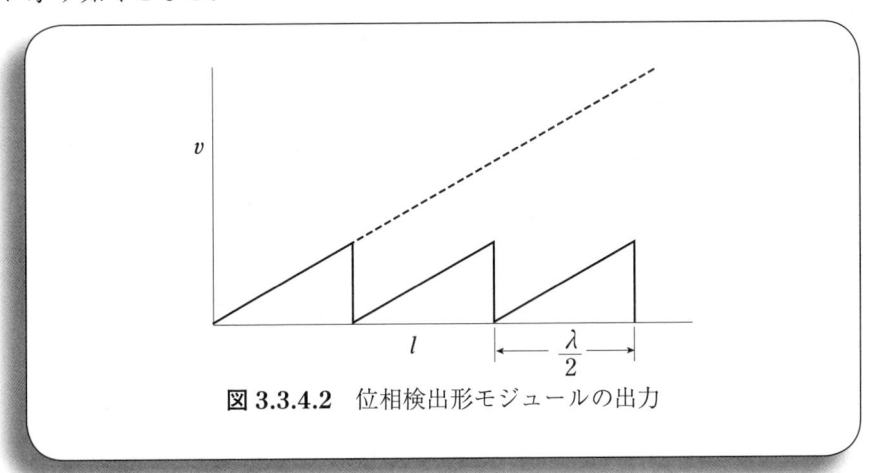

図 3.3.4.2 位相検出形モジュールの出力

位相検出形モジュールで得られる信号出力波形は l に対して図の実線で示したものとなる．位相検出がリニアに行われるので出力もリニアであるが，$\lambda/2$ 毎に 360° 回転するので 0 点に戻るが必要な場合は積分回路を設けて広範囲な l に対して破線で示すような出力を得ることも出来る．

これらの位相検出形モジュールでは距離に対してリニアな出力を得ることが出来るので振動波計解析に用いることが出来る．

3.3.5 レベル検出形測距

マイクロ波により距離測定を行う場合の基本的な原理は，放射したマイクロ波が物標により反射され戻るまでの往復に要した時間を計測することであり，この時間計測をパルス方式では直接時間軸で行い，FM–CW方式では周波数軸で時間計測を行うが，これらの方式では近距離で行おうとすると高速パルスあるいは広帯域なFM発振器が必要となる．

一方で用途として送受信アンテナの近傍，即ち数十cm以内に人や物が近づいたかを検出したいと言うような場合にはこの時間計測をパルス方式，FM–CW方式で行おうとすると，装置が複雑化して高価なものとなり実用に適したものとならない．レベル検出形測距はこのようなアンテナ直近への人や物の近接を検出するものとして実用化されている．

この方法は反射電力の大きさにより遠近を測定する方法である．

レベル検出形の測距の様子を図3.3.5.1に示す．

図3.3.5.1 レベル検出形測距

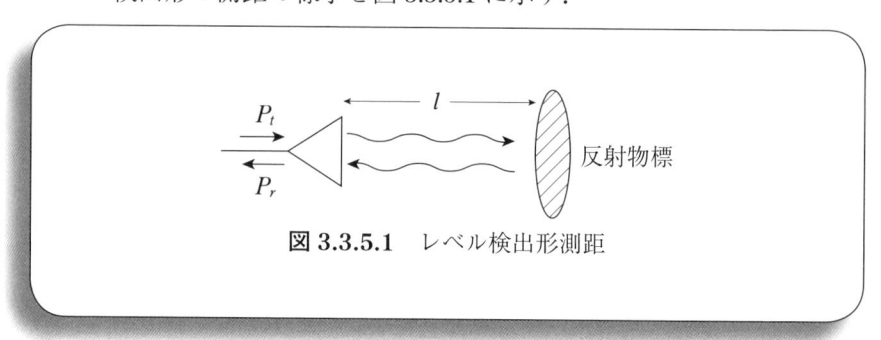

図3.3.5.1において送信電力をP_t，受信電力をP_rとすると次の関係が成り立つ．

$$P_r = A \frac{P_t}{l^4} \qquad \text{3.3.5.1 式}$$

A：定数（反射物標により異なる）

3.3.5.1式に於いて受信電力は反射体とアンテナの距離lに対して4乗で減衰する．この関係を使うと距離を定めることが可能であるが，ここで問題となるのは，定数Aは反射量の多い物標では大きく，少ないものでは小さな値となるので，物標を定めないと測定が出来ないが，この種の応用

は人の近接センサーなどに利用されるのでアンテナの直近に来たかどうかを知るものとして用いられる．

図 3.3.5.2 に装置構成図を示す．

図 3.3.5.2 レベル検出形センサーの構成

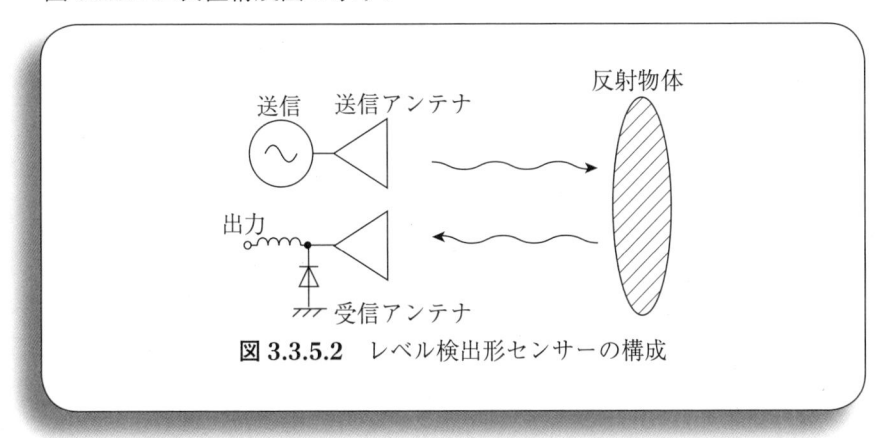

図 3.3.5.2 に於いて送受信アンテナは別体形とすることが望ましい．このアンテナ分離により，送信波の受信機への回り込みを低く抑えることが出来ることと，サーキュレータなどの送受信アンテナを共用するためのデバイスが不必要となる．

受信器については近接した物標からの反射であり，電力レベルが大きいので直接検波方式を採用することが出来る．

3.4　レスポンダーシステム

レスポンダーシステムは親機と子機により構成され，親機が子機に対して能動的に働きかけ，その働きに対して子機が反応するシステムである．この種のシステムは古くからレーダ分野では二次応答レーダ等で実用化されているが，近年は無線 IC カードなど多方面で開発が進んでいる．マイクロ波帯でのレスポンダーシステムは比較的小型のアンテナによりビーム形成が可能であることから感知エリアを制限することが出来ること，あるいはアンテナ利得を高くとることが出来るので，感知エリアを大きくとることが出来る．

システムとしてはアクティブタイプとパッシブタイプがある．親機と子機との間の情報量も1ビットから数メガビットのものまで多様である．また，子機に電源を持たせる場合と，用途によっては電源を持たせることがシステム的に不便な場合もあり，このために親機からマイクロ波電力伝送を行い，子機側でマイクロ波を整流し，子機側の電源として用いる方式など用途に応じて種々の工夫がなされている．

3.4.1　単純応答システム（I）

このシステムは親機に対して子機をタグとすると，親機からタグに送信された電波に対してタグがその電波ビーム内に存在するか否かだけを応答するシステムである．

この種類のシステムの用途は種々に検討されているが例えば図書館の図書にタグを付加しておき，借り出し時にそのタグを取り外すか，あるいはタグを電子的に無効とすることにより正規の貸し出しを行い，この操作なしで図書を持ち出した場合には出口に設置された親機により検出を行い，無断持ち出しを検出することが出来る．

あるいは店舗において高額商品，あるいはタグが安価に出来る場合には全ての商品にタグを付けることにより万引きの防止，あるいは検出を行うことが可能である．

このような用途においては親機側では多少高額となってもタグの価格をいかに安価に出来るかがシステムとして実用化できるかどうかの決め手となる．

これらの用途に答えるものとして磁気方式と電波方式が考えられているが，ここではマイクロ波方式に付いて記す．

この種の応用ではタグとしてはいかに安価であるかが重要であるので，タグには発振器を持たせるようなものでは実用できないので，完全なパッシブ方式が望ましいことと，使用するデバイスを極力少なくすることが必要である．

このようなことから考えられた一つの方法としてマイクロ波用ダイオー

ドとアンテナの組合せによるレスポンダーがある．

図 3.4.1.1 に記載の構成図により実現できる．

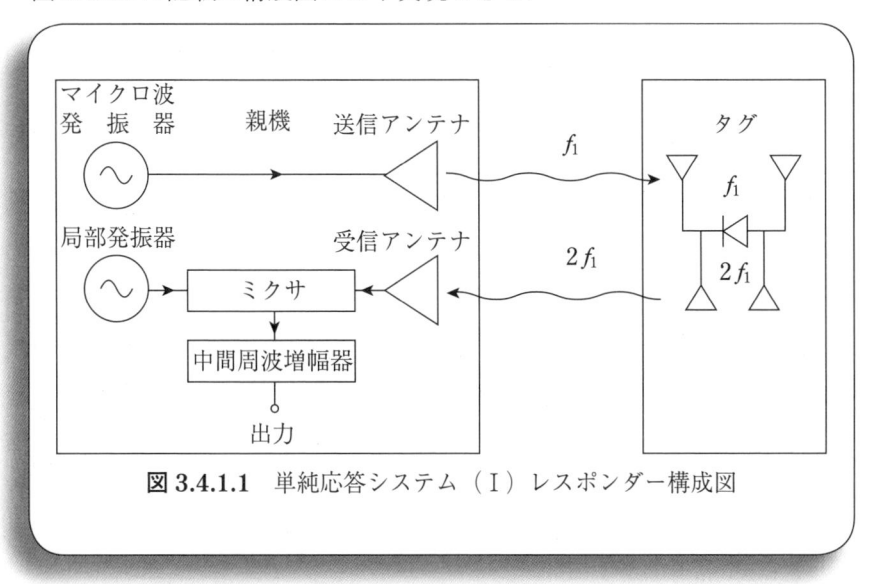

図 3.4.1.1 単純応答システム（Ⅰ）レスポンダー構成図

この方式では親機側は図示の如く，周波数 f_1 の送信波をタグに向けて放射する．タグ側ではマイクロ波帯で非線形動作をするダイオード，例えばショットキーダイオードの両端に，ダイオードを介して，周波数 f_1 に共振するアンテナと周波数 $2f_1$ に共振するアンテナを装着してある．ダイオードを介して f_1 で共振するアンテナは，送信波を受信し，ダイオードに f_1 の電流を誘起する．ダイオードは非線形であるので f_1 の高調波を発生するが，周波数 $2f_1$ に共振するアンテナを介して空間に放射するので，親機側で $2f_1$ の受信を行うことによりタグの存在を知ることが出来る．この方式では完全にパッシブなタグとして動作し，タグ自身も単純な方法で安価に実現できることから，用途によっては利用価値の高いものと言える．

3.4.2 単純応答システム（Ⅱ）

前節での応答システムはダイオードの高調波を利用した方法であり，高調波のレベルは微弱である必要がある．また親機側でのアンテナについては送信用と受信用の二種類のものを設置することが要求される．

これらの点を改良する方法として，図 3.4.2.1 に示す構成においても応答システムを実現できる．

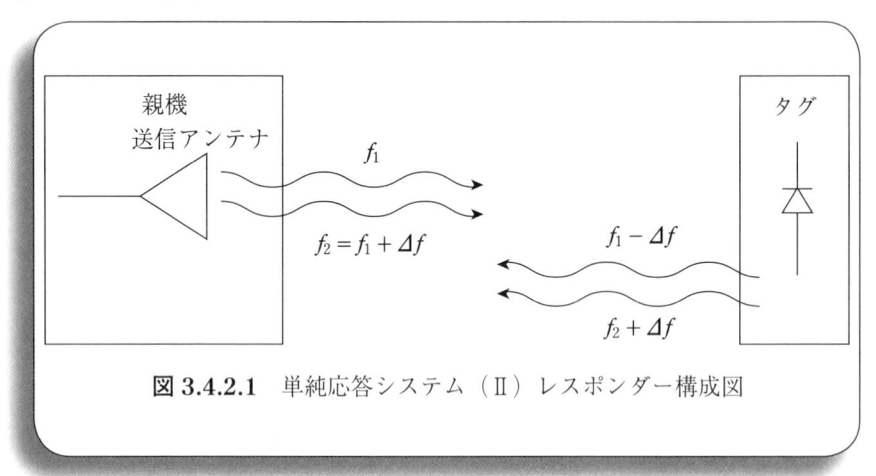

図 3.4.2.1 単純応答システム（Ⅱ）レスポンダー構成図

親機は所定の帯域内にある 2 波 f_1 および f_2 をタグに向けて送信する．f_1 と f_2 の差を Δf とすると，ダイオードには $f_1-\Delta f, f_2+\Delta f, (f_1<f_2)$ を含む混変調波が発生する．親機側では $f_1-\Delta f$ あるいは $f_2+\Delta f$ のどちらか，あるいは両方を受信する事によりタグの存在検知を行うことが出来る．

この方法では Δf を小さくする事により所定の帯域内に $f_1-\Delta f$, $f_2+\Delta f$ を納めることが出来るので微弱とする必要がない．

3.4.3 単純な符号付加形レスポンダー

タグの存在の有無を応答するシステムは 3.4.1，3.4.2 で示したがタグに何らかの符号を付加することが出来れば用途を広げることが出来る．

図 3.4.3.1 に符号付加形レスポンダーシステムの構成を示す．

図 3.4.3.1 において親機側の送信器は周波数変調を加えたマイクロ波をタグに向け放射する．タグには図に示す如く $f_1, f_2, f_3 \cdots\cdots f_n$ の共振器を付加しておく．

タグのアンテナから入射した電波の内共振器の共振周波数と一致した周波数では吸収が起こり，共振しない周波数はそのまま反射して再びアンテナから空間に放射される．この波を親機のアンテナで受信すると図 3.4.3.2

に示すようにタグ共振器の共振周波数と一致した点では受信レベル v_r が異なるので，吸収点即ち共振器により符号を付加することが出来る．この方法での符号化は共振器の数を n 個とすると，n ビットとなる．

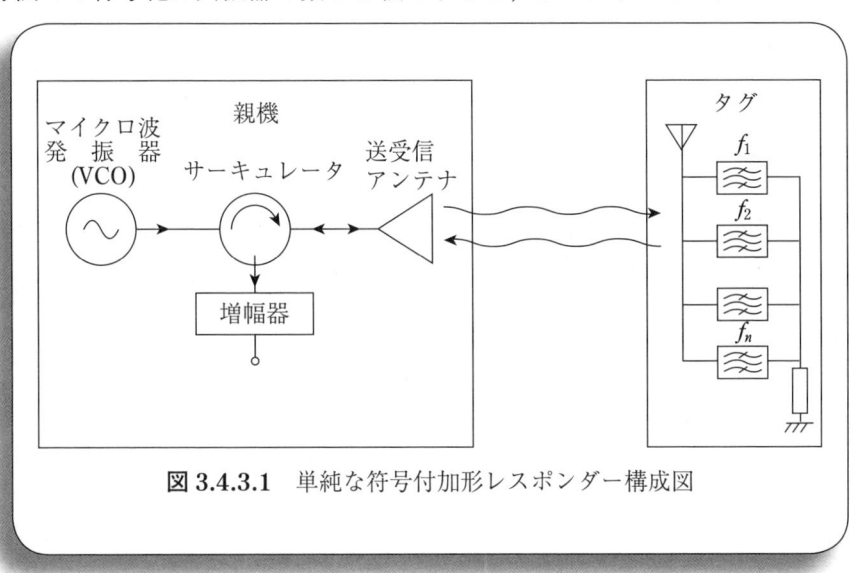

図 3.4.3.1 単純な符号付加形レスポンダー構成図

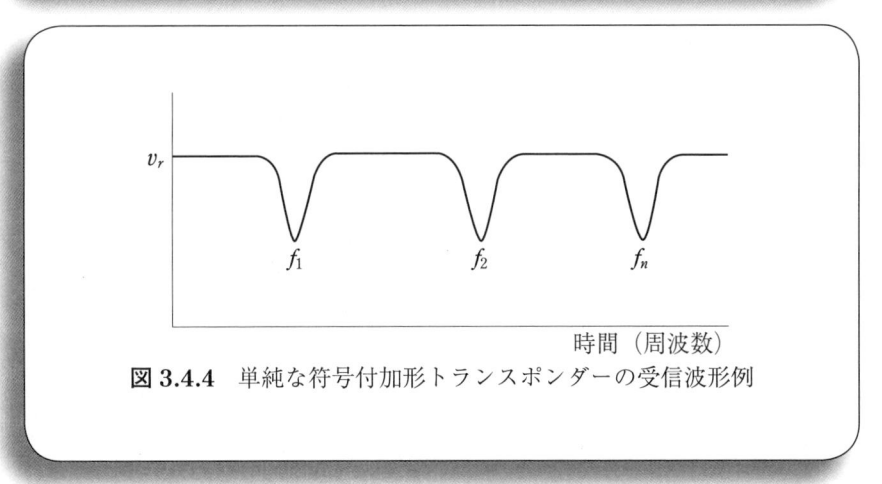

図 3.4.4 単純な符号付加形トランスポンダーの受信波形例

3.4.4 マイクロ波電力伝送形レスポンダー

完全受動形のレスポンダーシステムではレスポンダー側に電源を内蔵していないので親機との情報のやり取りには限界があり，レスポンダーと親

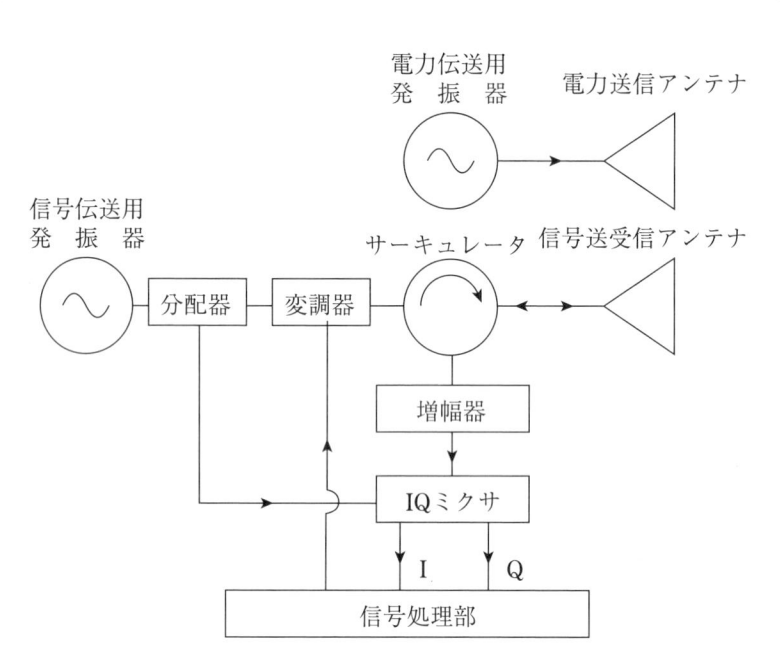

(A) 電力伝送波と信号伝送波を分離した方式

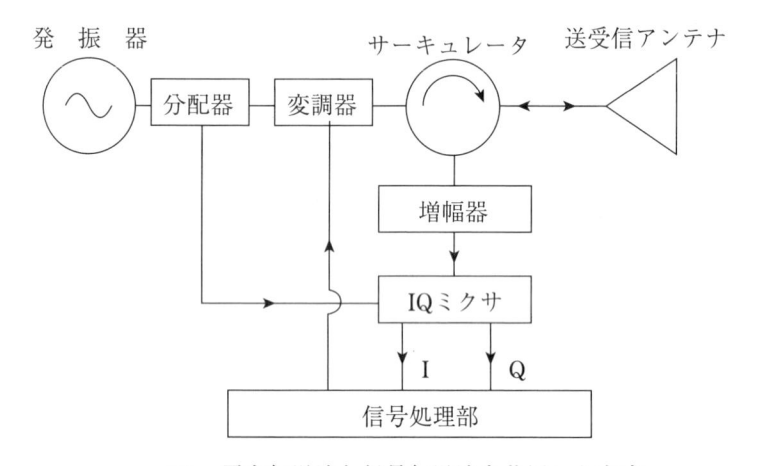

(B) 電力伝送波と信号伝送波を共用した方式

図 3.4.4.1 マイクロ波電力伝送方式レスポンダー親機

機との間で多くの情報のやり取りをする為にはどうしてもレスポンダー側に電源を持たせることが必要となる．

レスポンダーのシステムへの応用では，レスポンダーを移動体側に付加する用途が多いので，電源としては電池を内蔵させることが必要となる．もうひとつの方法として，マイクロ波電力伝送によりレスポンダーの内部に電源を持たせる方法がある．この方法ではバッテリーの交換の必要がないので使い勝手の良いシステムとなる．

図 3.4.4.1 にマイクロ波電力伝送方式による双方向形のレスポンダーシステムの親機側の構成を，図 3.4.4.2 にレスポンダー側の構成例を示す．

(A) 電力伝送信号伝送分離方式

(B) 電力伝送信号伝送共用方式

図 3.4.4.2 マイクロ波電力伝送方式レスポンダー子機

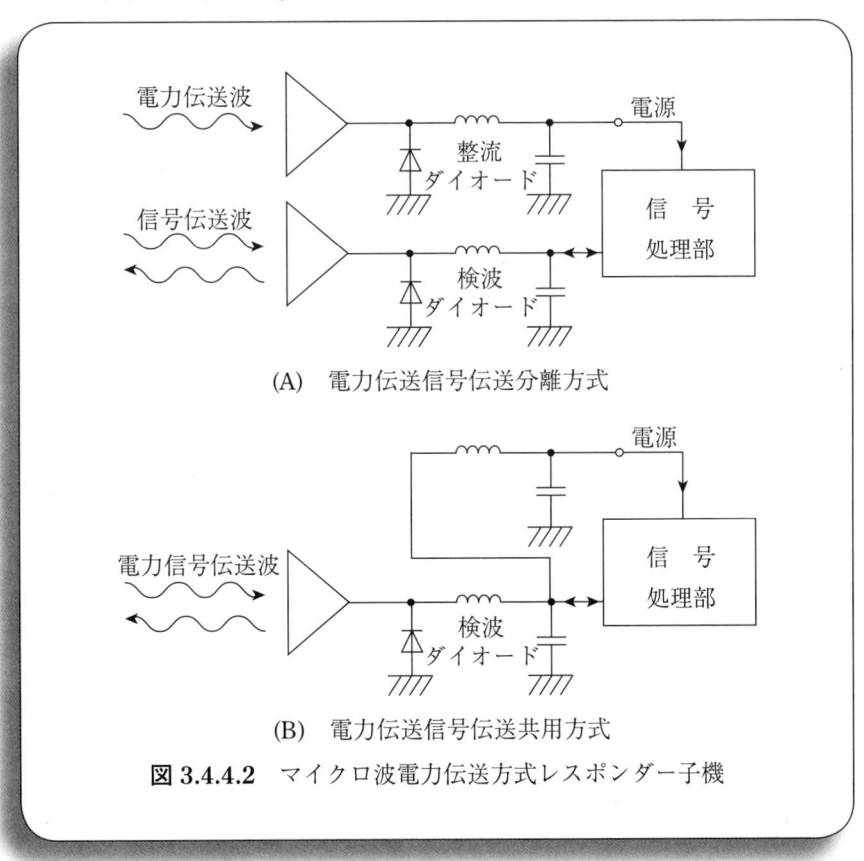

図 3.4.4.1(A) 図は電力伝送用発振器と信号伝送用発振器を分離した親機

側のシステム構成図で，(B) は信号伝送と電力伝送を同一の発振器で構成したものである．(A) 図の場合には信号用と電力用の発振器の周波数を分けて異なる周波数とする場合が多く，こうすることによりシステムが簡明となる．

図 3.4.4.2 はレスポンダー即ち子機側について，(A) 図は電力，信号波を分離した場合，(B) 図は電力，信号波を共用した場合の構成図を示している．

後者では電力波と信号波を共用するので各部の特性を高性能化する必要があるが，装置構成としては簡単化することが出来る．

この装置においてはマイクロ波による電力伝送を行うので，感知性能は電力伝送性能により定まるので，情報の送受に付いては比較的簡単に行うことができる．先ず親機からのレスポンダーへの送信は振幅変調で行い，レスポンダー側では包絡線検波で復調を行う．この検波は電力伝送と信号伝送共用の場合には電力検波と信号検出とを同じダイオードで行うことが出来る．

レスポンダー側から親機への信号伝送は親機から送られて来る電波を検波用ダイオードにレスポンダー内で生成する信号を加えることにより，ダイオードにより反射されレスポンダーのアンテナから親機に向け放射される．この放射波は振幅変調成分と位相変調成分を含んでいるが，親機側での位相検出形ミクサで十分復調することが出来る．

本装置の実用化の一例として下記の如くの性能が実現できている．

○　親機仕様

　　送信周波数 2,450 [MHz]
　　送信電力　　　　300 [mW]
　　変調方式　　　　振幅変調
　　アンテナ利得　　10 [dBi]

○　子機仕様

　　アンテナ利得　　4 [dBi]
　　メモリー容量　　128 [kB]

○　総合仕様
　　通信可能距離　　　70〔cm〕〔MIN.〕
　　データスピード　　1〔Mbps〕
写真3.4.4.1にレスポンダーシステムにおける子機のMIC基板例を示す．

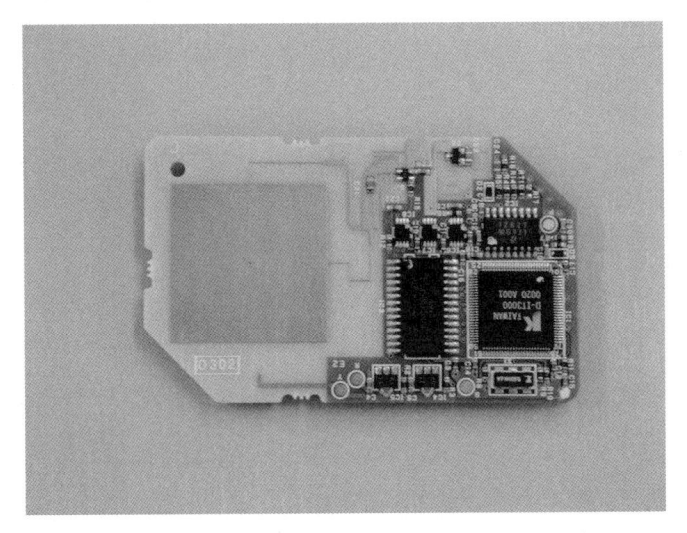

写真3.4.4.1　レスポンダーシステム子機のMIC基板

3.5　含水率測定装置

　物質中に含まれる水分量を計測することは多方面で求められており，その為に種々の測定装置が実用化されている．

　この分野のマイクロ波を用いた水分計もその方式，あるいは手法について種々提案され実用化されつつある．

　マイクロ波が水分量の測定に利用できる原理は水の物理定数である誘電率に関係しており，水の誘電率が高いこととマイクロ波帯において誘電損失が大きくマイクロ波を良く吸収することに起因している．

　誘電率の大きいことに注目したマイクロ波水分計はマイクロ波の伝搬スピードが誘電率の大きさに依存するのでその伝播遅延を測定することにより水分計を構成することが出来る．

またマイクロ波の吸収が大きい特徴を利用した水分計はマイクロ波の損失の測定を行うことにより装置を構成できる．用途によってはこの両者を組み合わせることにより，より精度の向上を図ることが出来る．

3.5.1 マイクロ波損失測定による含水率計測

水分を含んだ物質にマイクロ波を通すと吸収される．この現象を有効に利用した装置として電子レンジが実用化されている．この分野に関しては「マイクロ波の工業への応用」として本書の監修者の柴田が著している．

マイクロ波が誘電体中で熱損として失われる P_L は次式で示される．

$$P_L = f \cdot \varepsilon_r \cdot \tan \delta \qquad \text{3.5.1.1 式}$$

ε_r：比誘電率

$\tan \delta$：損失角

実際の測定においてはある物質の含水率を測定する場合に，その物質が水分を含まない場合の熱損失との差が大きくないと精度を上げることが出来ない．このことは3.5.1.1式において物質と水との ε_r，$\tan \delta$ の比が大きい場合に精度を高くすることが出来るが，水はこの値が大きいのでマイクロ波水分計として十分成立する要件を備えている．

図3.5.1.1に水分計の構成図を示す．

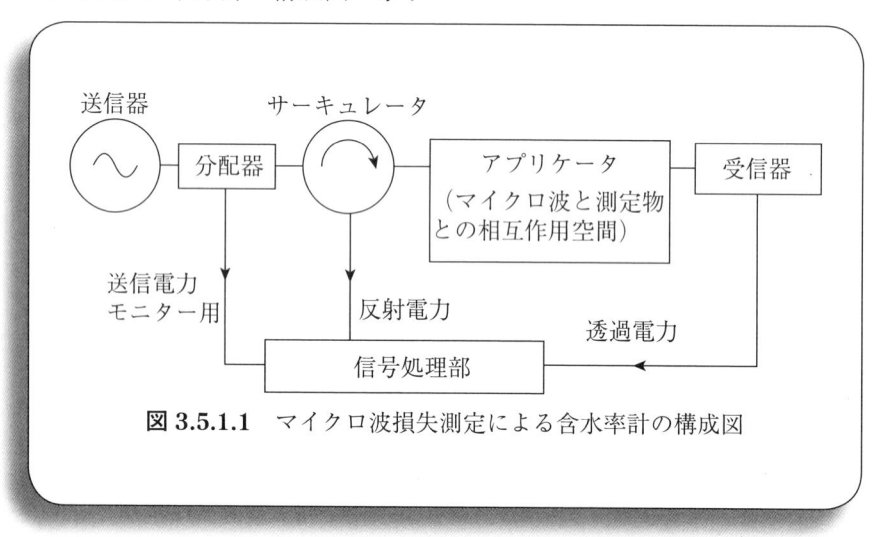

図 3.5.1.1 マイクロ波損失測定による含水率計の構成図

図 3.5.1.2 には米穀の場合のアプリケータ部の例を示すが,紙などのシート状の物質は後述の図 3.8.2 の形式が用いられる.

図 3.5.1.2 米穀用アプリケータ例

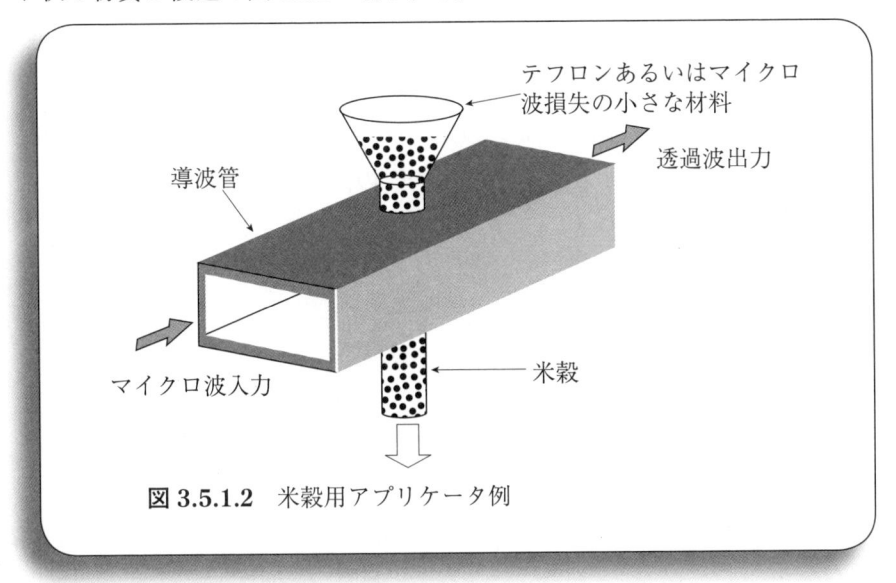

図 3.5.1.1 において送受信用発振器の出力の一部を送信電力モニターとして分波し,残りをサーキュレータを介してアプリケータ部に出力する.

アプリケータ部では被測定物とマイクロ波が効率よく相互作用するよう,非測定物の形状あるいは大きさなどに合わせて設計する.従ってこの部分は被測定物により構造設計をする必要がある.

アプリケータ部では被測定物により,マイクロ波が吸収されるので受信器での電力測定により,吸収量が測定出来る.このような系でマイクロ波送信電力,アプリケータ部の反射電力,受信器での受信電力をそれぞれ P_T,P_r,P_R とすると水分量と,水分を含む物質により吸収された電力 P_L は下記の如くとなる.

$$P_L = (P_T - P_r) - P_R \qquad \text{3.5.1.2 式}$$

この値と別途の測定により得られた較正値との相関を取ることにより水分計として利用することが出来る.

3.5.2 遅延位相測定による含水率計測

物質の中にマイクロ波を通すと，3.5.1項で示した如く損失としてマイクロ波が熱に変換されると共に，通り抜ける間に空気中での伝搬に比し伝搬遅延が起こる．これは電波の伝搬スピード v_P が3.5.2.1式で示される如く誘電率 ε_r に応じて減少することによる．このとき厚さ l の試料の中を，マイクロ波が TEM モードで通過する場合の，空気を基準とした遅延時間増加 $\Delta\tau$，位相遅延増加 $\Delta\theta$ を，各々3.5.2.2式，3.5.2.3式に示す．

$$v_P = \frac{C}{\sqrt{\varepsilon_r \mu_0}} \qquad \text{3.5.2.1 式}$$

$$\text{遅延時間増加 } \Delta\tau = \left(\frac{1}{v_P} - \frac{1}{C}\right) l \qquad \text{3.5.2.2 式}$$

$$\text{位相遅延増加 } \Delta\theta = 2\pi \left(\frac{1}{v_P} - \frac{1}{C}\right) l \qquad \text{3.5.2.3 式}$$

水は ε_r に関しても，誘電体物質の中でも大きな値を有しているので，この伝播遅れを測定することにより水分量の測定を行うことが可能である．この測定を行うための装置構成を図3.5.2.1に示す．

図3.5.2.1においてマイクロ波発振器からアプリケータにマイクロ波を送出する．水分を含んだ物質と相互干渉し，遅延したマイクロ波をミクサⅠでIFに変換する．このIFは局部発振器とマイクロ波とを混合して得られるが，この局部発振器の周波数は基準発振器の周波数分だけマイクロ波発振器周波数と異なるようにVCOとミクサⅡおよび位相比較器Ⅰによりループを構成する．こうすることによりミクサⅠから得られるIFは基準発振器と同じ周波数とすることが出来る．

この基準発振器の位相とIFの位相を位相比較器により比較することによりアプリケータで非測定物の遅延量を測定することが出来る．この方法ではアプリケータ部での反射量はアイソレータにより吸収させ，通りぬけたマイクロ波の伝搬遅延を測定するので，アプリケータ部での反射の多いような形状あるいは物質の測定には適していると言える．

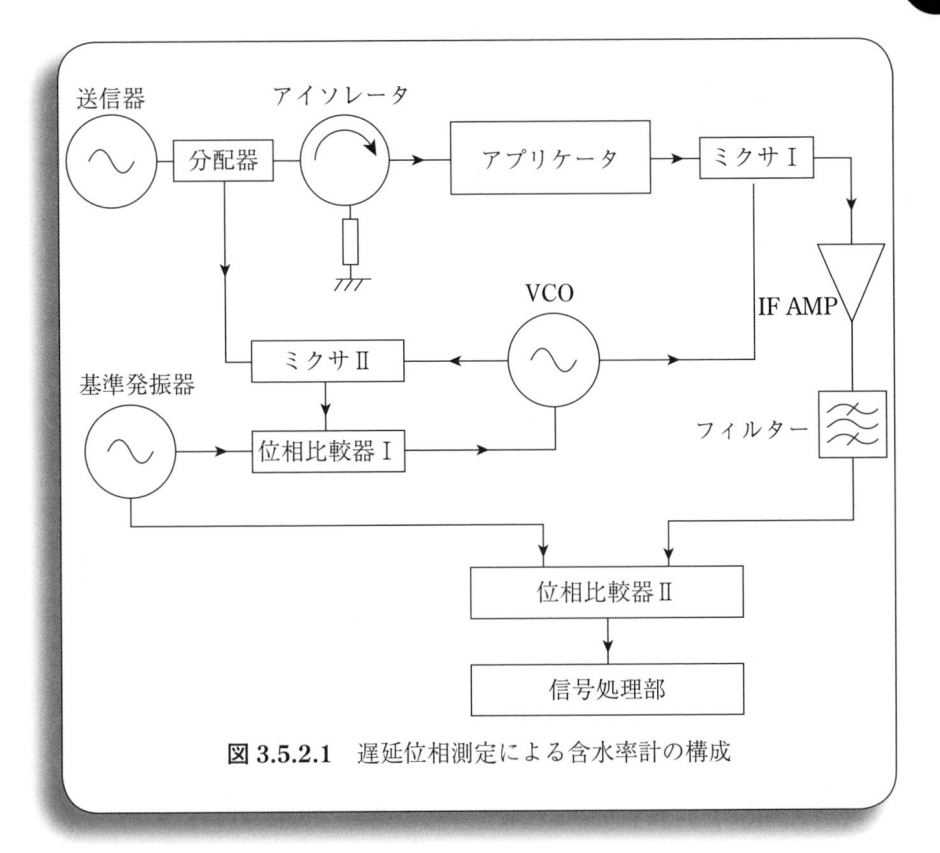

図 3.5.2.1 遅延位相測定による含水率計の構成

3.5.3 損失と遅延測定による含水率測定

　計測の精度をより向上させる為にはマイクロ波の水分による吸収量測定と伝搬位相遅れの両方を測定することによる必要がある．装置の構成を図 3.5.3.1 に示す．

　図においてアプリケータからの反射電力量を測定するためにサーキュレータを挿入し，この情報とミクサⅠで得られる IF の振幅をマイクロ波損失情報とし，位相情報と共に用いることにより，水分量によるマイクロ波の吸収と水分量による位相遅延情報により，より精度の高い含水率測定を行うことが出来る．

　周波数の利用としては被測定物が比較的大きなものでは 2.45〔GHz〕帯，小型のものでは 10.525〔GHz〕帯，小型でしかも含水率の低いものでは

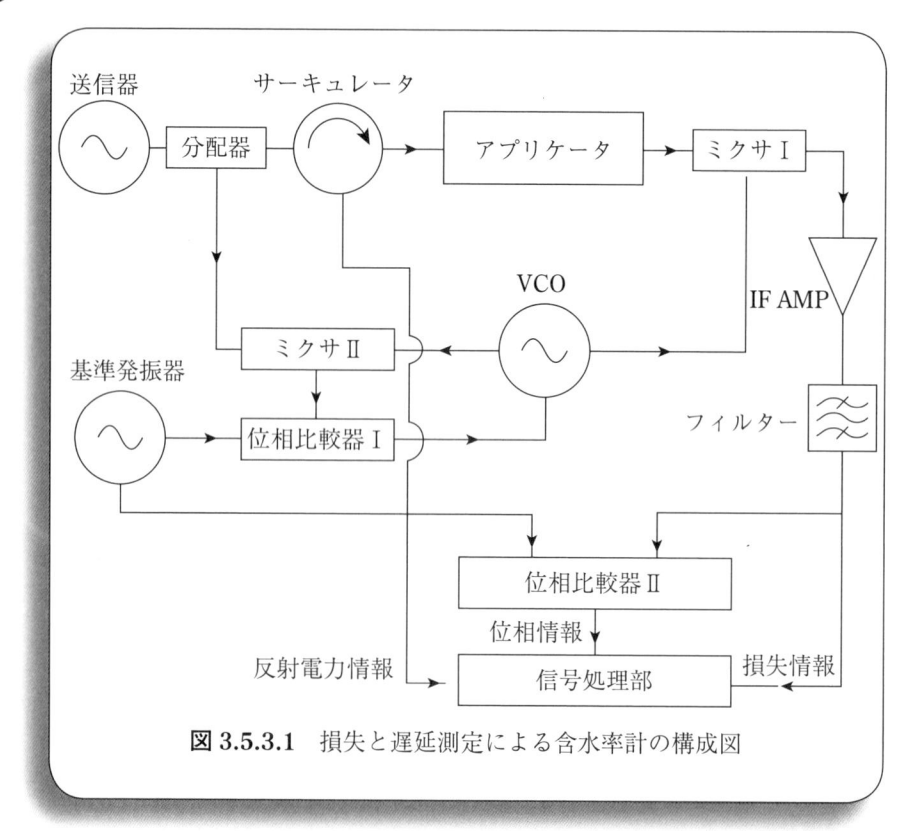

図 3.5.3.1 損失と遅延測定による含水率計の構成図

24.15〔GHz〕帯を用いることが必要である．

但しこの種の測定装置では全て閉空間となるので原理的には電波法の適用を受けないので最適の周波数を選ぶことが出来る．

3.6 電界強度測定

マイクロ波位相の測定を応用することにより電場測定を行うことが出来る．図 3.6.1 はその原理を説明する為のものである．

図 3.6.1 においてバラクタダイオードの両端に金属棒をアンテナとして付加する．電場はアンテナで受信され，バラクタに電圧として印加され，この結果バラクタ容量は電場に応じた値となる．このバラクタにマイクロ波を送信するとこのダイオードにより電波の一部が反射し，電場に信号変

化があると，受信機ではバラクタの容量変化に応じて位相変化として観測される．

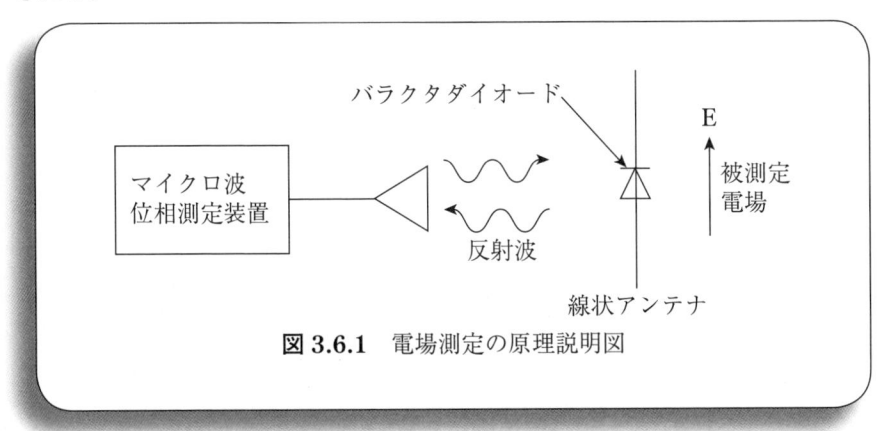

図 3.6.1 電場測定の原理説明図

この電場測定は直流場だけではなく交流場にも有効に動作するので，種々の応用が考えられている．

その一例としてアンテナとしての利用がある．図 3.6.2 アンテナとしての利用の構成を示す．

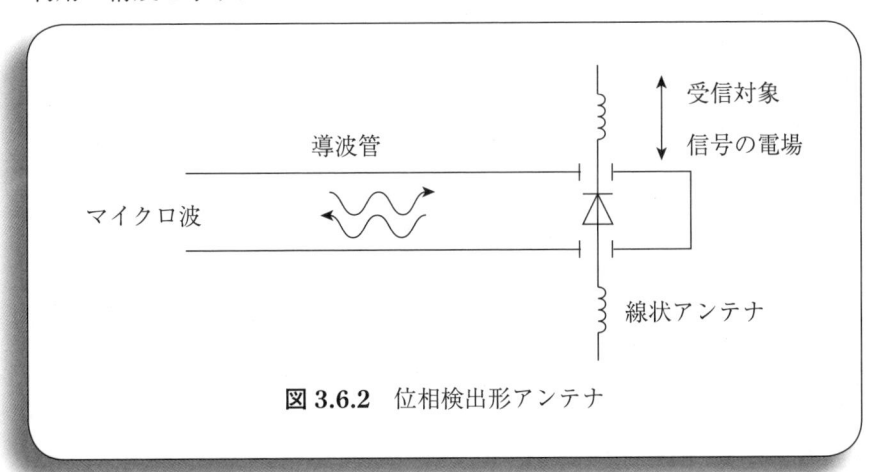

図 3.6.2 位相検出形アンテナ

図 3.6.2 においてバラクタダイオードの両端にアンテナを付加する．

このアンテナはバラクタダイオードを含めて受信周波数に共振を取りダイオードに効率よく交流電圧を印加するようにする．

このアンテナを導波管内にダイオードが挿入できるような構造とし，アンテナ部は導波管の外部に出る構造とする．またダイオードとアンテナを含めた部分と，導波管との結合は図に示す如く容量結合とし，この容量はマイクロ波に対しては十分大きな値とし，アンテナの受信周波数に対しては小さなインピーダンスとなるような値とする．

このような構成で導波管にマイクロ波を伝送し，バラクタダイオードからの反射位相を検出する．このことにより実時間のアンテナのRF電圧波形がマイクロ波の位相量として検出可能である．

このアンテナは導波管部のマイクロ波を電磁ホーンアンテナ等で空間的に分離することにより，図3.6.3に示す如くアンテナ側に電源を持たないアンテナとして利用できる．

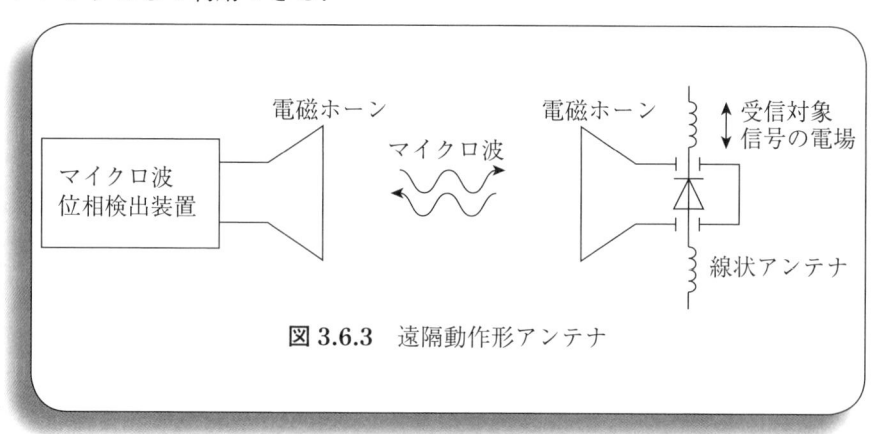

図 3.6.3 遠隔動作形アンテナ

この種のアンテナはRF信号をマイクロ波位相量として検出し，マイクロ波とRFの周波数を10倍程度以上とすることにより，マイクロ波とRFの分離を行うことが出来る．また，マイクロ波とRFの結合はバラクタダイオードを介して行うことが出来る．

3.7 水蒸気測定

マイクロ波が水蒸気を通過すると，減衰と位相変化を受ける．

マイクロ波の位相変化は水蒸気により空間の比誘電率が増加し，遅延す

ることによる．マイクロ波の損失は水蒸気を含んだ空気に対して損失が増加することにより起る．

この伝搬遅延と伝搬損失の片方あるいは両方を測定することにより，水蒸気の濃度（湿度）測定が可能となる．

水蒸気量の測定において注意する点は測定対象とする水蒸気量に対して位相変化，あるいは損失の変化が大きくとれない場合には伝送路を長くする必要があり，一例として図3.7.1に伝送路として導波管を用いた場合のアプリケータを示す．

図において導波管部の折返しの数を変えることにより測定対象に対して十分な位相変化あるいは損失の変化を得るようにすることが出来る．

またこの導波管の一端を短絡し，全反射させることにより2倍の損失，あるいは位相変化を得る事が可能である．

図3.7.1はマイクロ波の伝送路は導波管を用いたものであるが自由空間での測定も可能である．その例を図3.7.2に示す．

図3.7.1 導波管アプリケータ

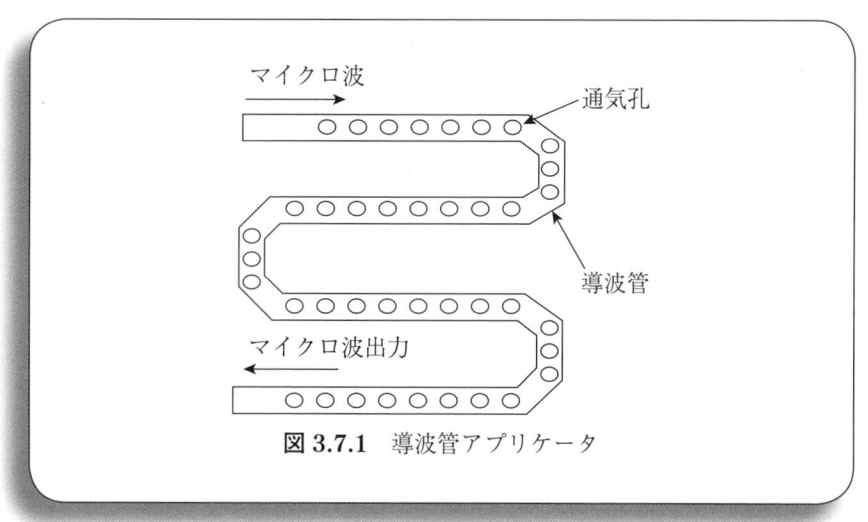

図3.7.2において，アンテナからの電波を反射用アンテナ又は反射板により反射させ，受信する．この受信波の位相，電力比較により測定を行うが，10〔GHz〕帯において送信アンテナと反射用アンテナの距離を10〔m〕

以上とることにより，通常の空気中の水分量を有為な値として観測することが可能である．

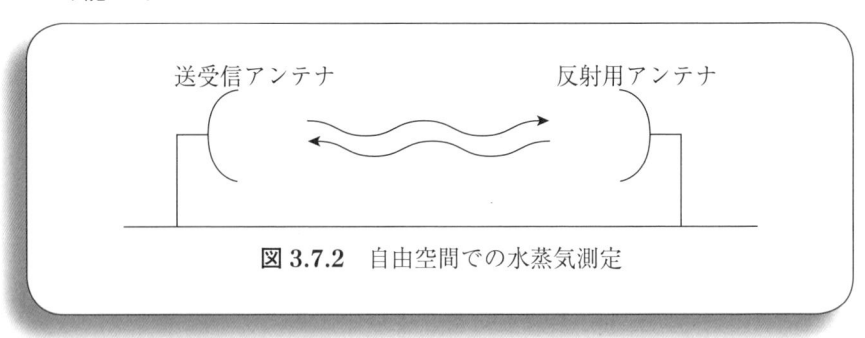

図 3.7.2　自由空間での水蒸気測定

3.8　異物検出

　ある物体の中に望ましくない異物体が混入していることを検出するセンサーは種々実用化されている．この種のセンサーは用途に応じていろいろな原理を用いており，全てに万能なセンサーは存在しない．

　マイクロ波をこの種のセンサーに応用する場合には一般的に利用できるか否かの目安は次のように示される．

- 測定対象とする物体中に含まれる異物について
    ① 異物の比誘電率が，対象物質に比し極めて大きい
    ② 異物のマイクロ波吸収量が対象物質に対して極めて大きい
    ③ 異物が対象物質に対してマイクロ波を大きく反射する．

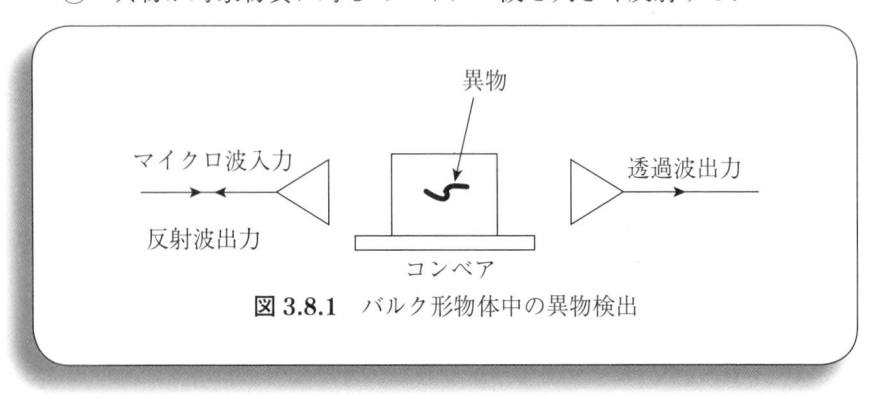

図 3.8.1　バルク形物体中の異物検出

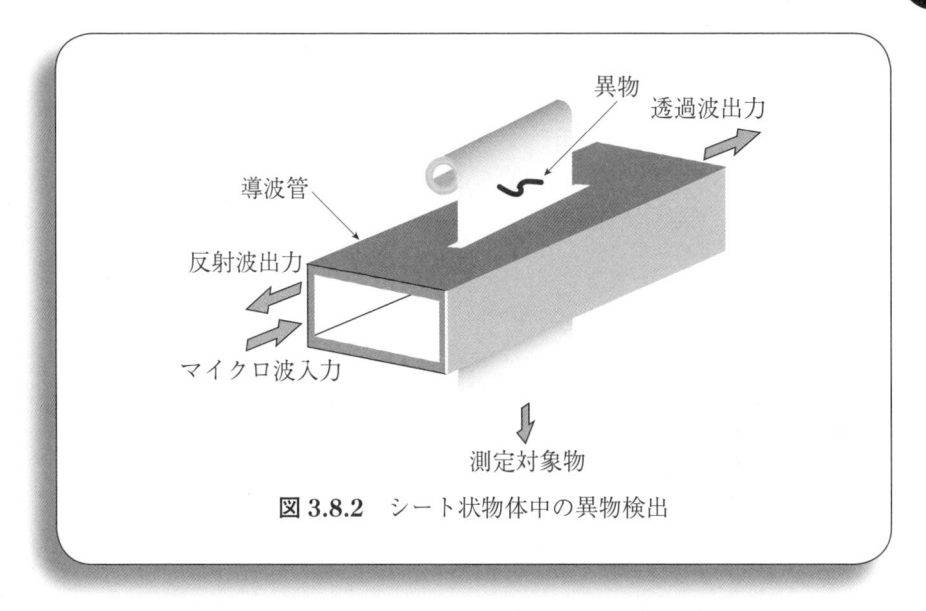

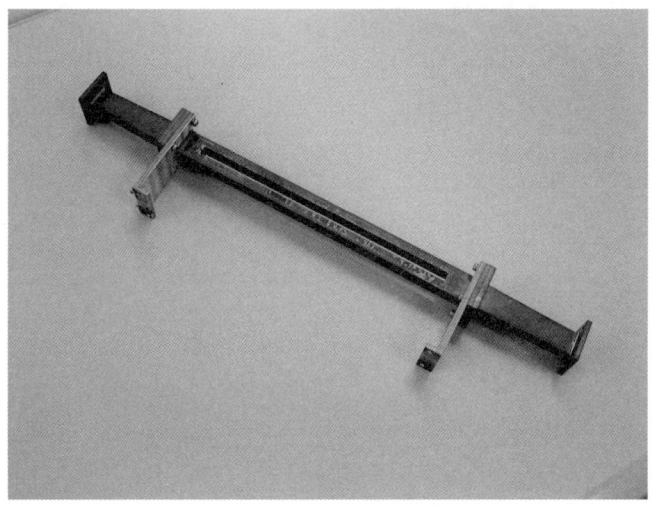

図 3.8.2 シート状物体中の異物検出

写真 3.8.1 導波管アプリケータの例

①の場合にはマイクロ波の位相が測定対象となり，②の場合にはマイクロ波の振幅が測定対象となる．

③の場合には入射波に対してマイクロ波の反射量が測定対象となる．

マイクロ波と測定対象物との相互作用させる空間即ちアプリケータ部に

ついても，対象物に合わせて設計をする必要がある．

図 3.8.1 と図 3.8.2 に代表的な構成図を示す．

これらのアプリケータを用いてマイクロ波の反射波と透過波の振幅と位相を測定することにより，異物検出を行うことが出来るが，通常この種の応用では対象物質がベルトコンベアにより移動したり，シート状の物質の場合には高速で動いたりするので，静的な位相・振幅の他にドップラー効果を利用して測定を行うことが有効な場合が多い．

写真 3.8.1 に導波管タイプのアプリケータの一例を示す．

3.9 パターン認識

プリント基板上に印刷された配線パターンの検出あるいはプリント基板が多層化され，基板内部に印刷された配線パターンを検出する用途にマイクロ波を用いることが可能である．

図 3.9.1，図 3.9.2，図 3.9.3 に代表的な構成図を示す．図 3.9.1，図 3.9.2 に示す例は全面グランド金属面のない場合の基板の場合，図 3.9.3 は全面グランド金属面のある場合に用いられる．

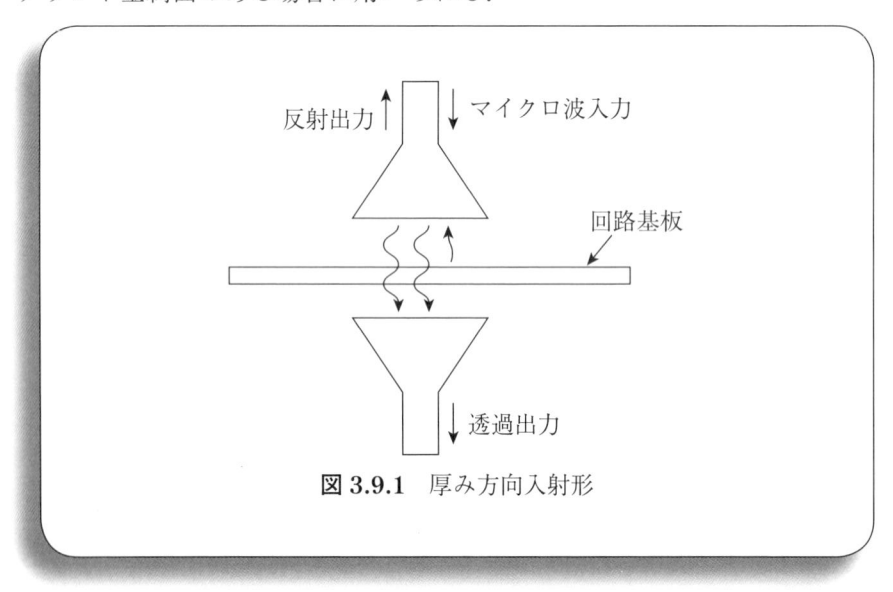

図 3.9.1　厚み方向入射形

図 3.9.2 長さ方向入射形

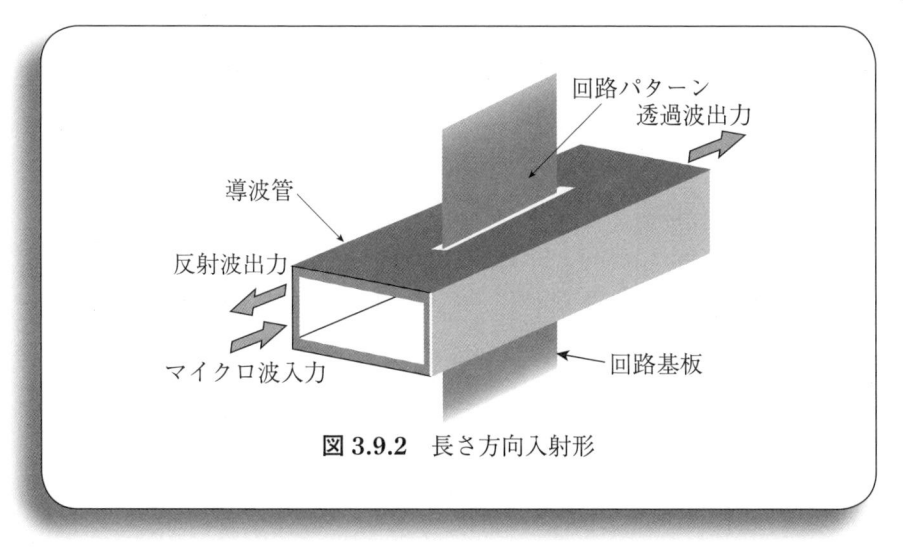

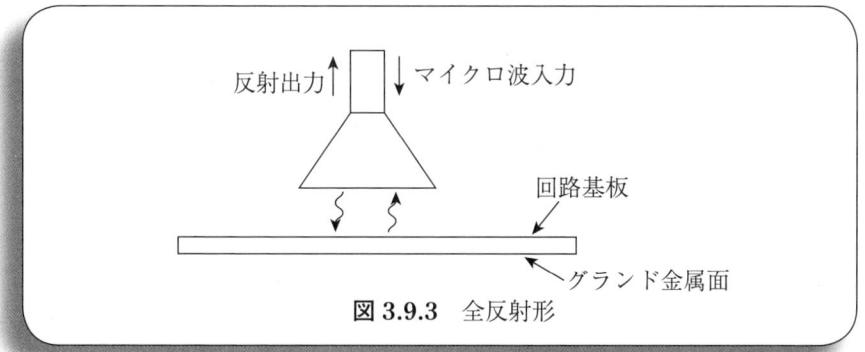

図 3.9.3 全反射形

　図 3.9.1 および図 3.9.2 においては反射波の位相と振幅と透過波の振幅と位相情報を取り出し，正常な基板から得た情報と被検査基板の情報を比較することにより，その差により不良基板の検出をする方法がとられる．

　図 3.9.4 に出力波形と距離（基板位置）についてのモデル図を示した．この出力波形は位相（反射波，透過波）あるいは振幅（反射波，透過波）のいずれか，あるいは全ての出力を用いることが出来る．

　この種の応用で最も重要な技術は，マイクロ波と被測定物との相互作用をする部分，即ちアプリケータ部の設計と，マイクロ波周波数を何 GHz に設定するかであり，装置性能はこれに大きく左右される．

図 3.9.4　出力波形と距離

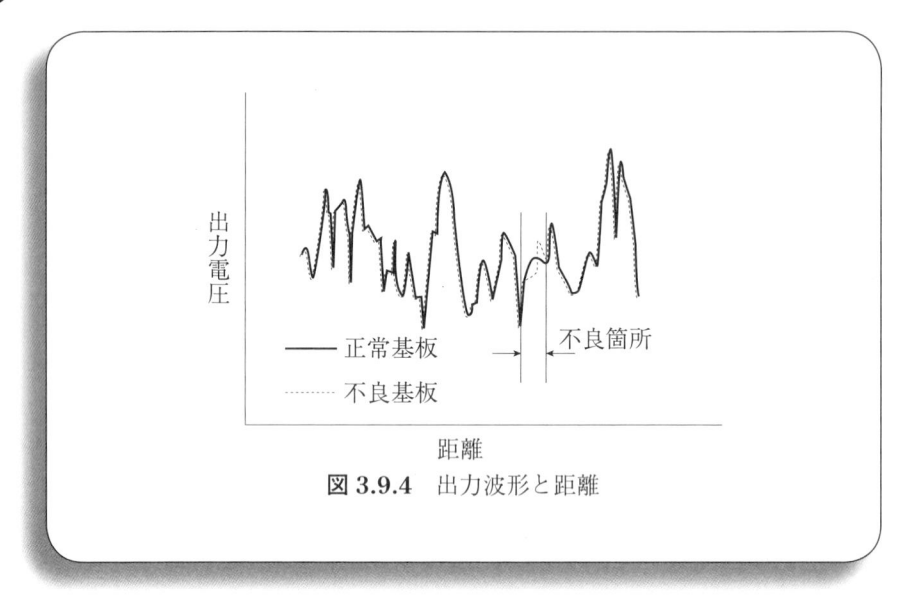

この技術を用いて偽造防止カードなどの応用が考えられている．

その原理はカード上の，あるいはカードの内部に図 3.9.5 の如く金属パターンによりそれぞれのサインを印刷し，それらのカードにマイクロ波を照射し得られる波形は，サイン特有なものであり，デジタル化して保存することにより，カードを各自の ID として利用することが出来る．

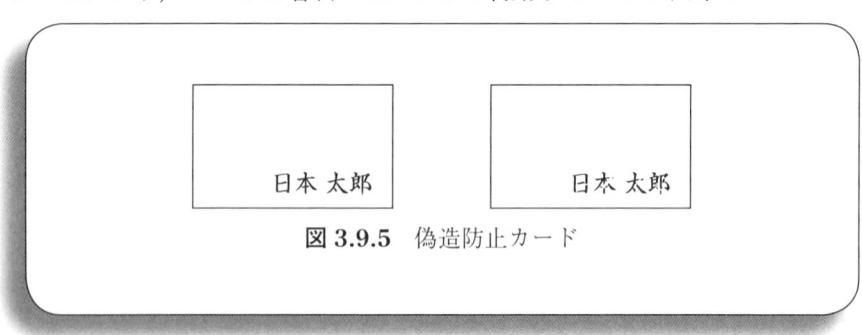

図 3.9.5　偽造防止カード

3.10　その他の応用

3.10.1　粉体流量測定

各種の粉体，例えば石炭粉末・セメント・セラミック・薬品などをパイ

プを通して輸送する場合に，その流量を計測することが重要である．

この分野へのマイクロ波応用も可能である．

流量を測定できる原理は前節で示したことと同様に，粉体固有の誘電率によりマイクロ波の吸収あるいは伝搬遅延を起こすことによるが，前節で示した如くこの吸収と遅延は粉体中に含まれる水分量によっても発生し，しかも値が水分により発生したものか粉体によるものかの分離は原理的に困難なので流量測定を行う場合には粉体の含水率を一定にすることが必要となる．

装置構成を図 3.10.1.1 に示す．

図 3.10.1.1 粉体流量計の構成図

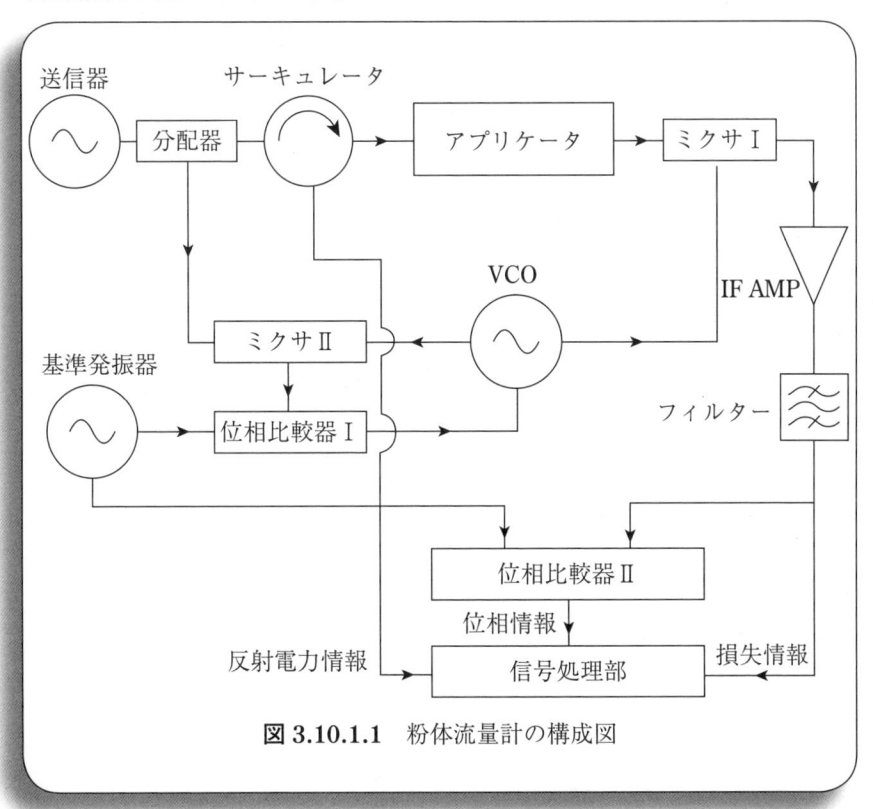

図 3.10.1.1 の構成図は図 3.5.3.1 とほぼ同様な構成であるが，粉体流量測定の場合にはアプリケータの制約条件があり，アプリケータからの反射電

力測定は精度の向上にはあまり役立たないが，透過位相量と透過減衰量の測定だけで精度確保可能である．この装置の設計について注意する点は使用するマイクロ波の周波数の選定である．マイクロ波の伝送は粉体輸送パイプを用いるので，そのパイプの径がマイクロ波の伝搬可能な周波数にあることが必要である．

また輸送パイプが円形である場合には円形導波管モード，矩形である場合はそれにあった安定な管内電磁波モードで励振する必要がある．一方マイクロ波伝送の管長はマイクロ波と粉体との相互作用による吸収と位相シフト量が測定上の有利な長さとすることが重要である．

3.10.2 内容物検出装置

木箱あるいはダンボール箱の中に所定の製品が収納されているか否かを開梱せずに確認する方法は重量確認など種々実用化されている．

マイクロ波はこの分野でも装置化されている．特にベルトコンベア上に流れる梱包箱の内容物確認において利用分野が広い．

この種の装置の基本原理は図 3.10.2.1 に示す如くマイクロ波の遮断によるレベル検出を行うことにより動作させる．

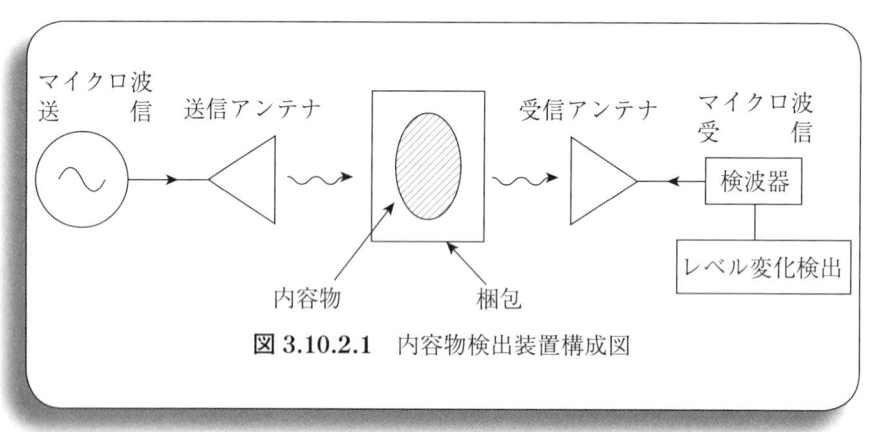

図 3.10.2.1 内容物検出装置構成図

この装置において内容物が入っている場合には梱包箱だけの場合に比しレベルが低下するのでその検出を行うことで測定できる．

この種のセンサーでは箱の内容物の大きさにより周波数を選定する必要

があり，分解能を高めるためには周波数を上げることが要求される．また，マイクロ波遮断特性によるマイクロ波電力の減衰だけではなくマイクロ波の位相遅延を測定することにより分解能の向上を図ることが出来る．

3.10.3 トラッキングセンサー

マイクロ波の遮断特性を利用したセンサーは光学的な方法に比較して気象条件雰囲気条件などに対し安定な伝搬性能を有しているので使い易いものである．

特に霧あるいは水蒸気など光学的に透過の悪い状況下でのトラッキングには威力を発揮する．

図 3.10.3.1　トラッキングセンサー構成図

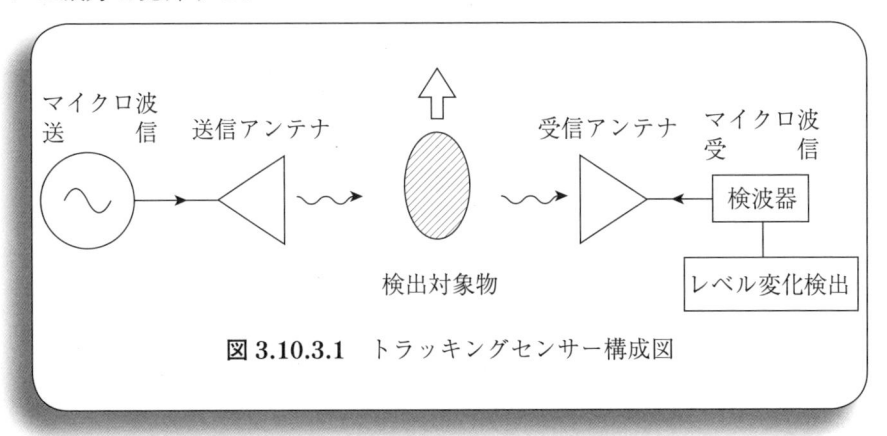

図 3.10.3.1 に示す如く，送受信アンテナ間に物体あるいは人が入った場合に，簡単な方法としては受信電力の減衰量を測定することによりトラッキングを確認できるが，トラッキングゾーンを確定する上で，そのゾーンの精度を問題とする場合にはアンテナの指向性とマイクロ波周波数が重要な選定要素となるが，位相情報をも取り込むと，より精度が高まる．

高温の鋼材の長さ測定などはその有効な実用例である．

3.10.4 マイクロ波温度計

自然界の物体からは絶対温度に比例した白色雑音が放射されており，その波長幅 $d\lambda$ あたりの強度 w_λ は M.Plank により以下のように求められている．

$$w_\lambda d\lambda = \frac{8\pi hc}{\lambda^5} \cdot \frac{d\lambda}{e^{\frac{he}{\lambda kT}}-1}$$　　　　　　3.6.4.1 式

k：ボルツマン定数

h：プランク定数

その有能雑音電力 P は

$P = kTB$

B：帯域幅

T：絶対温度

で示される．

　3.5.4.2 式において帯域幅 B としてマイクロ波帯の帯域を設定し，P を測定することが出来ると温度 T を知ることが出来る．この分野の応用例としてはこのマイクロ波を用いた温度計あるいは放射計として衛星より地球表面の温度計測を行い，森林状況の把握，作物の収穫予想としての利用，あるいは溶鋼等高温測定などに利用されている．この温度計測の方法はマイクロ波での増幅器の雑音指数測定の手法をそのまま利用できる．

　図 3.10.4.1 は増幅器の雑音指数を測定するための構成であるが，増幅器入力に予め既知である T_1, T_2 なる標準雑音源を用いる．

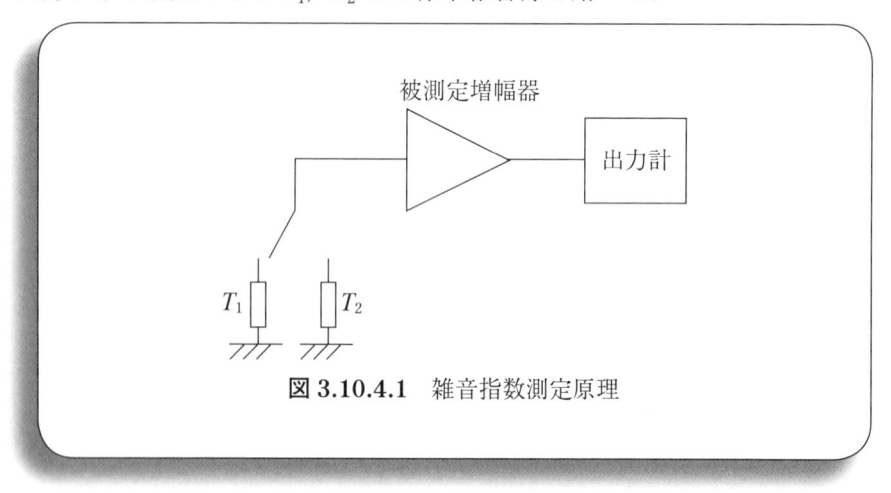

図 3.10.4.1　雑音指数測定原理

この系での雑音指数は

$$F = \frac{\dfrac{G(P_{T2}-P_{T1})}{P_{T1}}}{\dfrac{G(P_{T2}-P_{T1})}{G_{PT1}+P_N}} = \frac{GP_{T1}+P_N}{GP_T} \qquad 3.10.4.3\ 式$$

G：増幅器の利得

P_{T1}, P_{T2}：T_1, T_2 に対応した有能雑音電力

P_N：増幅器による雑音出力

この方法により雑音指数あるいは利得を知ることが出来るので，図 3.10.4.1 において予め T_1 を設定しておくと測定温度 T_2 と T_1 とのスイッチ切替を行い，出力電力 P_1, P_1 の比を取ると T〔°K〕における抵抗体 R の有能電力 P は $P=kTRB$（3.5.4.4 式）であるので

$$\frac{P_2}{P_1} = \frac{GP_{T2}+P_N}{GP_{T1}+P_N} = \frac{GkT_2RB+P_N}{GkT_1RB+P_N} \qquad 3.6.4.5\ 式$$

G：増幅器の利得

B：帯域幅

k：ボルツマン定数

が得られる．

ここで G および P_N は既知であるので，温度 T_2 を知ることが出来る．

これらのマイクロ波による回路構成図を図 3.10.4.2 に示す．

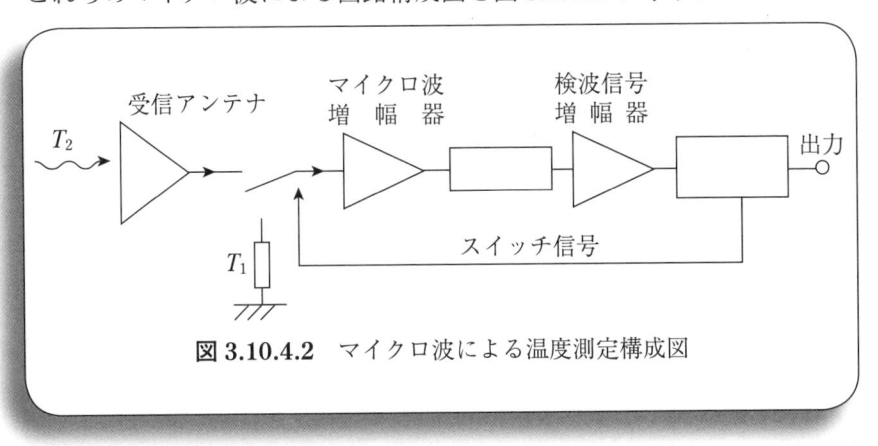

図 3.10.4.2　マイクロ波による温度測定構成図

図において T_1 なる抵抗は増幅器に対して整合系とする必要があることと，T_2 の温度を設定する必要がある．このマイクロ波温度計ではマイクロ波帯の放射電力を受信するものであり，低雑音増幅器を用いることにより精度の向上を図ることが出来る．

　マイクロ波は空間中での減衰が少ないので，遠隔地からの温度測定が可能である．また，観測される温度は真の温度 T（黒体温度）に比べて $T' = \alpha T$ となる．

　α は輻射係数（$\alpha < 1$）で，物体により異なるので，例えば地球上の氷と水（同温度）を上空から識別することなどにも利用出来るのである．

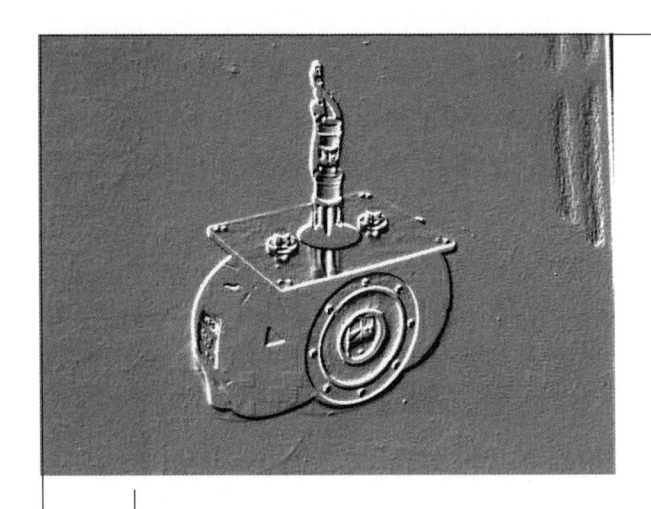

● 第4章 ●
マイクロ波応用主要技術

　小電力を用いてマイクロ波応用装置を実現する場合，装置の多くは送信記と受信機により構成され，送信機から送信されるマイクロ波が物体により反射あるいは透過したマイクロ波を受信し，送信波と受信波の変化により物体の様々な量を測定することが出来る．

　特に小電力応用においては，マイクロ波の位相量と振幅量が測定と直接関わることが多く，又測定の精度を高めるためには送信波と受信波の分離をいかに大きく取るかが精度を高める上で重要な技術となる．

4.1 マイクロ波の位相測定

　マイクロ波応用において，マイクロ波の位相（周波数を含む）を測定する技術は応用装置を実現する上で主要な技術である．

　その理由は，マイクロ波の伝搬において，その媒体や伝送経路でその位相角が変化し，その変化量がその物体の性質，例えば誘電率，含水量，等あるいはその物体の状況，例えばその物体の位置やスピード等の情報を含

んでおり，その変化量を計測することにより直接的，あるいは間接的に各種の測定を行うことが出来るからである．マイクロ波の位相測定法としてマイクロ波の送受信波の位相比較を直接行う方法と，中間周波数に変換して行う場合とがある．

マイクロ波の位相比較を直接行う応用分野としてはドップラ効果を用いた応用分野で利用される．この場合には測定対象物が運動しているので，位相の変化が交流として観測されるからである．

ドップラ効果による位相の変化量は3.1.1.7式（下記）において運動する物体のスピードvが0である場合はV_Dは直流項となるので，静止物体の測定や低速の測定には適用することが出来ない．

$$V_D = A_D \sin\left(\frac{4\pi}{\lambda}vt + \theta_D\right) \qquad 3.1.1.7\,式$$

ドップラ効果の応用ではこのマイクロ波送受信波の直接位相比較回路が利用され，第3章で示したように簡単な回路でドップラ波の測定が出来る．中間周波数に変換して位相比較を行う方法としては，用途に応じていろいろな方法が実用化されている．最も精度の高い方法は送信波の周波数も局

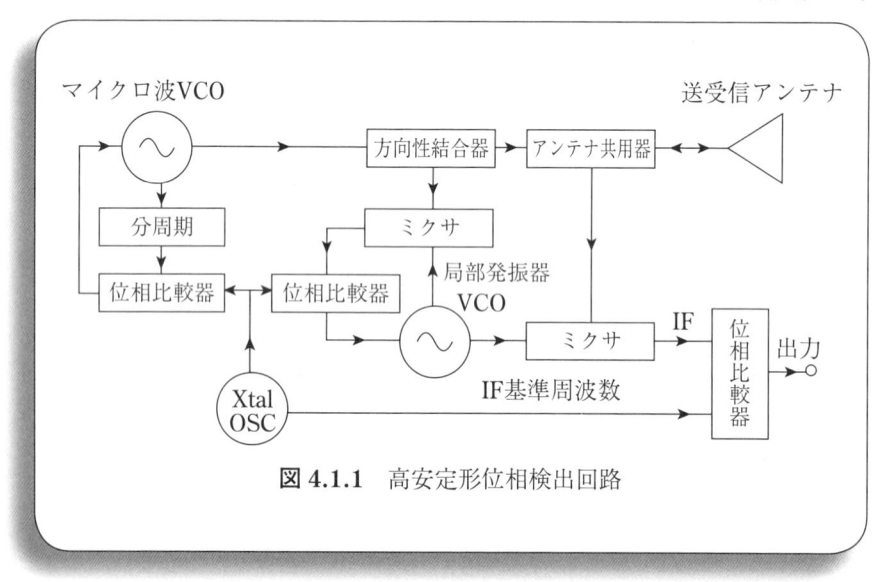

図 4.1.1　高安定形位相検出回路

部発振器の周波数も水晶発振器により安定化したものであり，その一例を図 4.1.1 に示す．図中のアンテナ共用器はサーキュレータを用いても良い．

この方法は送信機の周波数の安定性も局部発振器の周波数も水晶発振器により安定化をしており，IF としては水晶発振器の周波数となるようにしている．この方法は高い精度を維持する場合に用いられるが，多くの応用例ではマイクロ波の送信機に用いる発振器を誘電体共振器や金属キャビティーを用いた自励形の発振器を用いて，局部発振器を送信用発振器と中間周波数だけ離れた周波数で同期を取る方式が用いられる．

この場合，送信機の発振周波数の安定度は誘電体共振器を用いた例では 10 [GHz] 換算で温度を含めた全安定度を ± 10 [MHz] 以内にすることが出来るので，精度に与える周波数安定性による誤差は 0.1 [%] 以下に押さえることが出来る．

発振器を自励形とした場合の局部発振器としては図 4.1.2 が用いられることが多い．

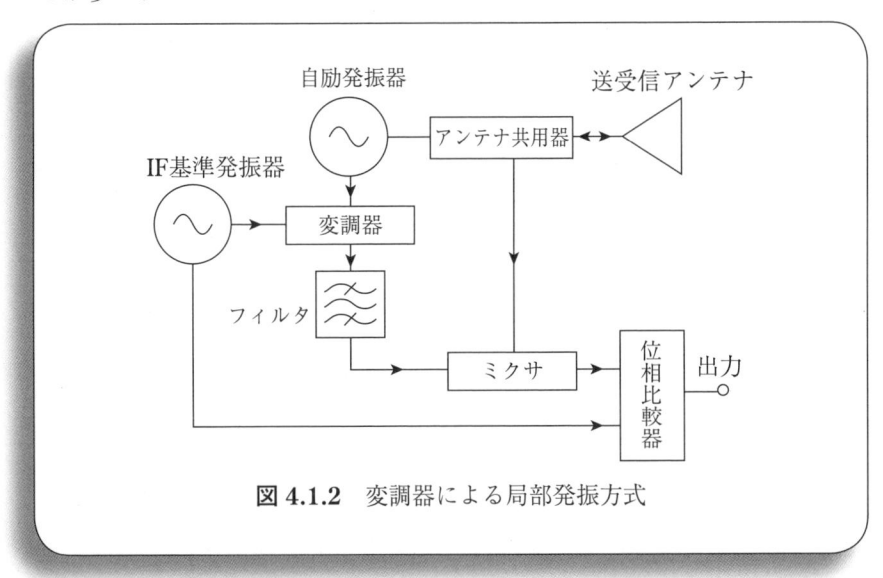

図 4.1.2 変調器による局部発振方式

図 4.1.2 では局部発振器としては特にマイクロ波帯の発振器を持たずに送信用自励発振器の出力に振幅変調を加え，その下側あるいは上側の側帯

波のどちらかをフィルタにより取り出して局部発振器とする方法であり，この方式を用いる場合には送信電力に余裕がある場合に用いられる．

図4.1.3は通常用いられるAFC回路方式である．ここで示した構成ではアンテナを送受共用としているが，用途によっては送受アンテナを別体化する場合や，透過測定の場合もあるが，その場合にはアンテナ共用器が不要となり，構成を変える必要がある．

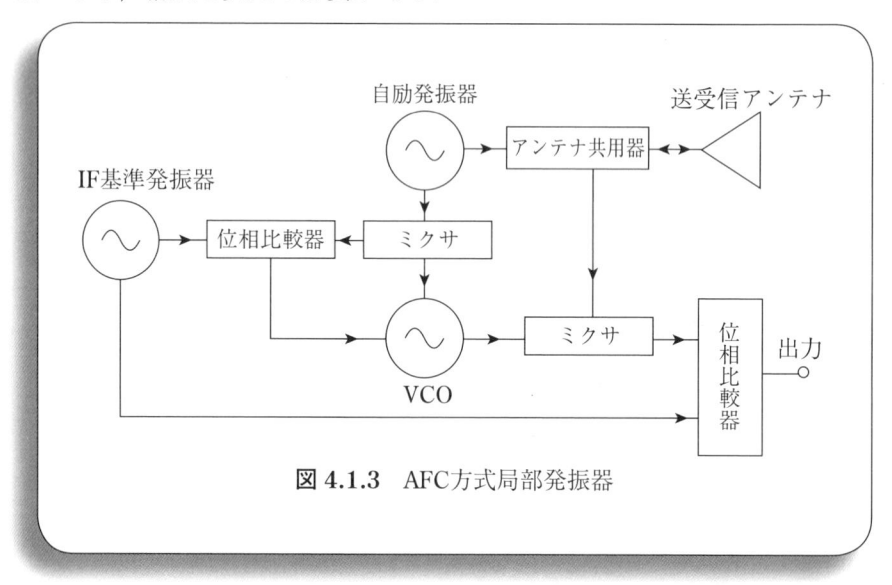

図4.1.3　AFC方式局部発振器

4.2　マイクロ波振幅測定

マイクロ波の伝搬によりマイクロ波が受ける変化は，位相と振幅が主たるものであるが，特にマイクロ波減衰特性を利用した装置は応用分野も広く，装置も比較的容易に構成出来る．

この種の応用ではマイクロ波の振幅の測定が必要であるが，この方法にはマイクロ波を直接検波する方法と，IF変換した後に検波する方法がある．

直接検波方式はマイクロ波をショットキーバリアダイオードにより整流

し，直流に変換するものである．

この方法での整流の感度は -50 〔dBm〕以下の検出には不向きであり，これ以上の感度が必要な場合には IF 変換方式を用いる必要がある．

図 4.2.1 マイクロ波検出回路

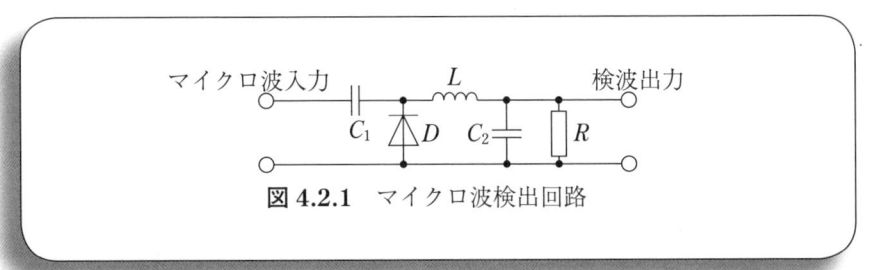

図 4.2.1 はマイクロ波検波回路の一例であるが，この回路における検波出力を図 4.2.2 に示す図においてリターン抵抗 R は 1 〔kΩ〕で接地している．この直接検波の場合に注意しなくてはならないことは出力電圧が低い場合に高利得の直流増幅を行う必要があるが，一般に高利得の直流増幅器は長時間の安定性が保てないので，マイクロ波帯で振幅変調を加えておき，第一検波後その変調周波数の交流増幅器により増幅した後に検波する方法が用いられる．この場合の変調周波数は数 kHz から数 10〔MHz〕まで，フィルタと増幅器の有利な周波数に設定する．

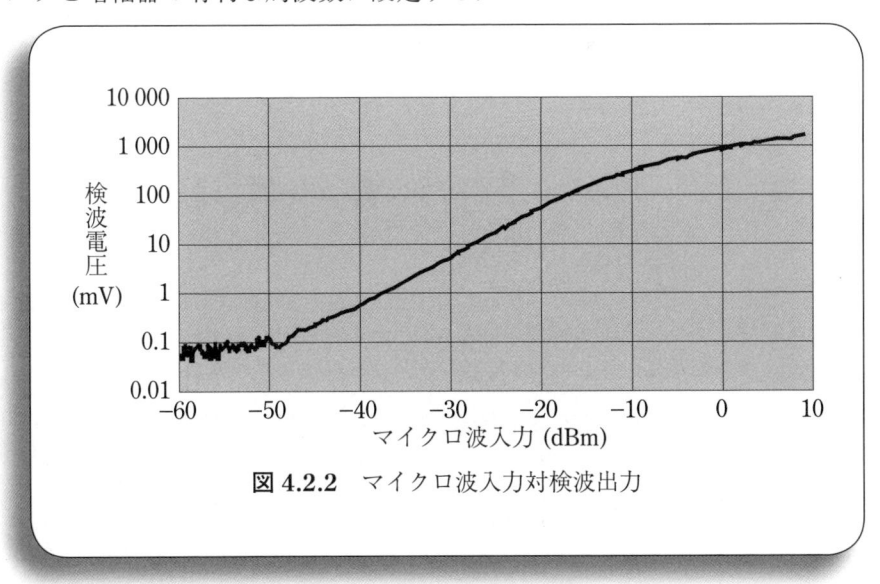

図 4.2.2 マイクロ波入力対検波出力

その構成図を図 4.2.3 に示す．

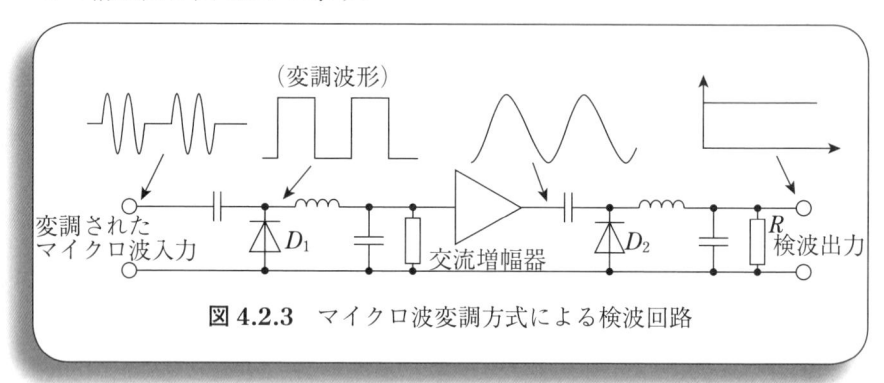

図 4.2.3　マイクロ波変調方式による検波回路

ここでマイクロ波入力は，低周波パルスで変調されたものを示しダイオード D_1 はマイクロ波帯での検波ダイオード，D_2 は通常の整流ダイオードを用いることが出来る．

マイクロ波レベルが -50〔dBm〕以下の場合には直接検波方式では感度が取れないので，ミクサ方式によりマイクロ波レベルの検出を行う必要がある．

ミクサ方式では -90〔dBm〕程度までのマイクロ波の検出を行うことが出来る．

図 4.2.4　ミクサ方式によるマイクロ波レベル検出回路

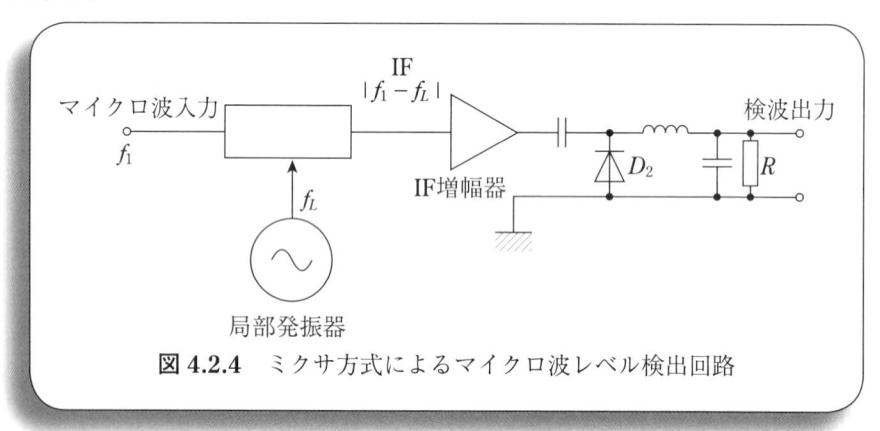

図 4.2.4 にその構成図を示す．この回路ではマイクロ波帯の局部発振器が必要であるが，位相検出の場合と異なり，局部発振器の周波数はマイク

ロ波入力波と厳密に位相同期を必要としないが，IF 周波数としてフィルタ及び増幅器の帯域内を維持するだけの安定性は要求される．

4.3 送受信波分離技術

　小電力によるマイクロ波の応用装置を実現しようとする場合に，多くの場合に送受信波の分離を良くしないと装置の実現が困難なことが多い．

　その理由はマイクロ波応用では送信波を被測定物体に向け放射し，その反射波あるいは透過したマイクロ波が送信波に対してどのような変化を受けたかにより被測定物体に対する各種の情報を取り出すことが多いので，送信波が被測定物体を介さずに直接受信器に入力すると，この入力波は誤差要因として働く．この送受信波の分離度をいかに高くするかは装置の精度に対して重要なものであるが，送信波が被測定物を介さないで受信器に到達する経路は図 4.3.1 (A) (B) (C) に示すように大別すると 3 通りのケースがある．

　図 4.3.1(A) においては送信器からの直接の漏洩波，あるいはアプリケータからの漏洩波が受信器に到達することによる回り込み波であるがこの場合に対策は送信器，アプリケータ及び受信器のシールドの強化により達成できる．

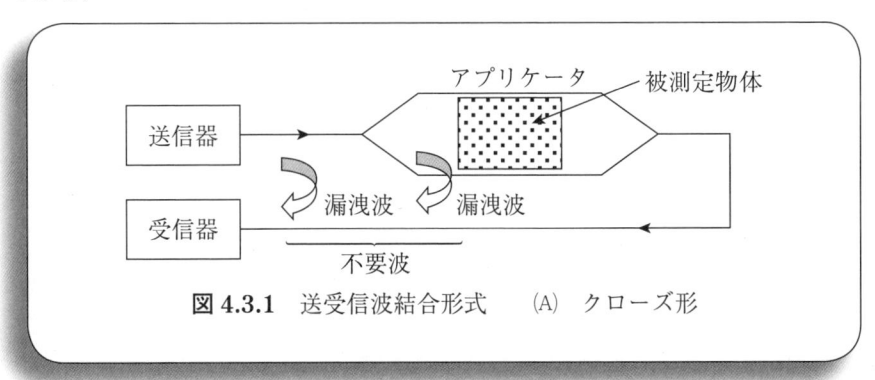

図 4.3.1 送受信波結合形式　(A) クローズ形

　問題となるのは (B)(C) で示された開放空間にアンテナを介してマイクロ波を放射し，透過波あるいは反射波を受信する場合である．

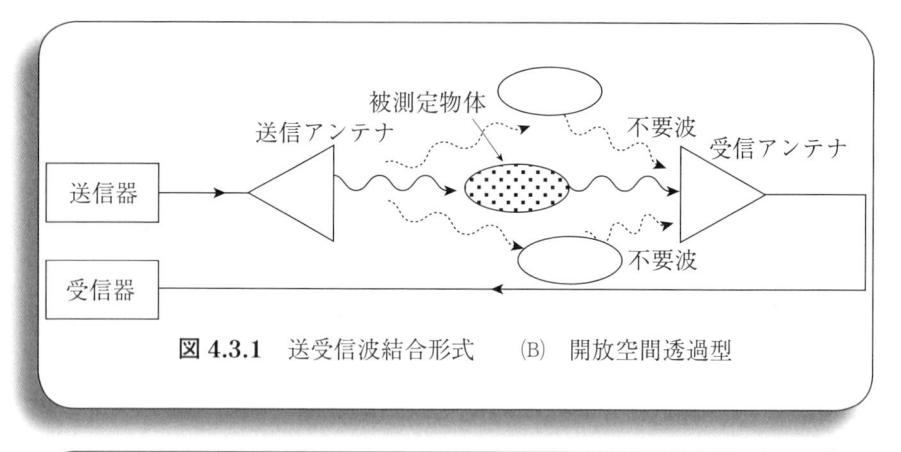

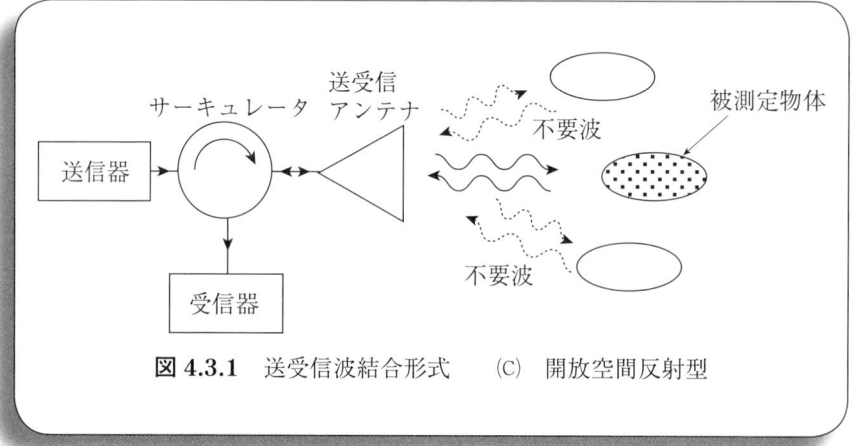

図 4.3.1 送受信波結合形式　(B) 開放空間透過型

図 4.3.1 送受信波結合形式　(C) 開放空間反射型

　このような応用例では原理的にアンテナのビーム内に入った被測定物体以外からの透過波あるいは反射波があるので，これを消去することが必要である．この方法は対応療法的な対策がとられるケースが多い．これらの対策法で代表的な方法を図4.3.2，図4.3.3に示す．

　図4.3.2はアンテナ全面に吸収体を設置することにより非測定物体以外からのマイクロ波を吸収させる方法である．この対策は等価的にはアンテナのビームを狭くする効果があり，測定対象物に合わせて吸収体の位置，大きさ，あるいは吸収体材料を選定する必要がある．

　図4.3.3は中和方式であり，この方法は被測定物を除外した状態で受信

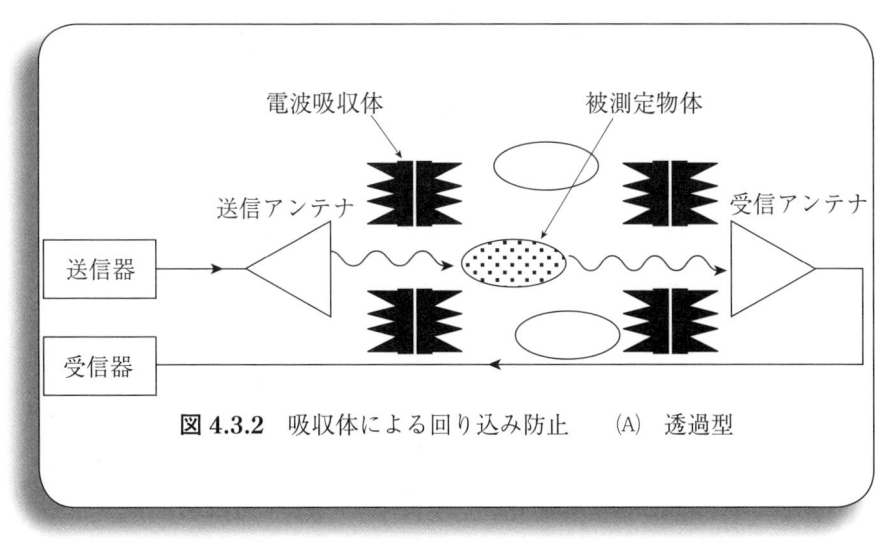

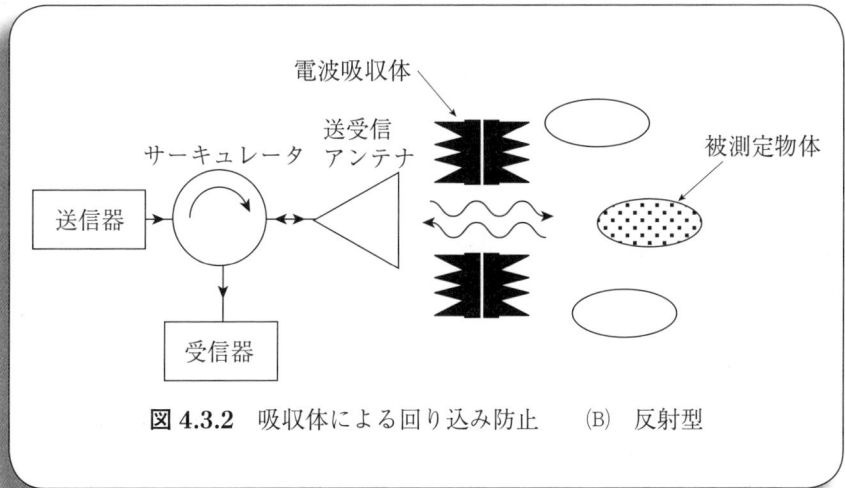

図 4.3.2 吸収体による回り込み防止　(A)　透過型

図 4.3.2 吸収体による回り込み防止　(B)　反射型

波が無くなるように移相器と反射器あるいはアッテネータにより送信波と回り込みはが打ち消されるように調整し，その後に被測定物を挿入し測定を行う．この方法は長時間安定性を保持することが困難であるので較正を行う必要がある．

　いずれにしても送受信波の分離をいかにするかはマイクロ波応用装置を実現する上で，その成否を定める技術と言っても過言ではなく，この他に

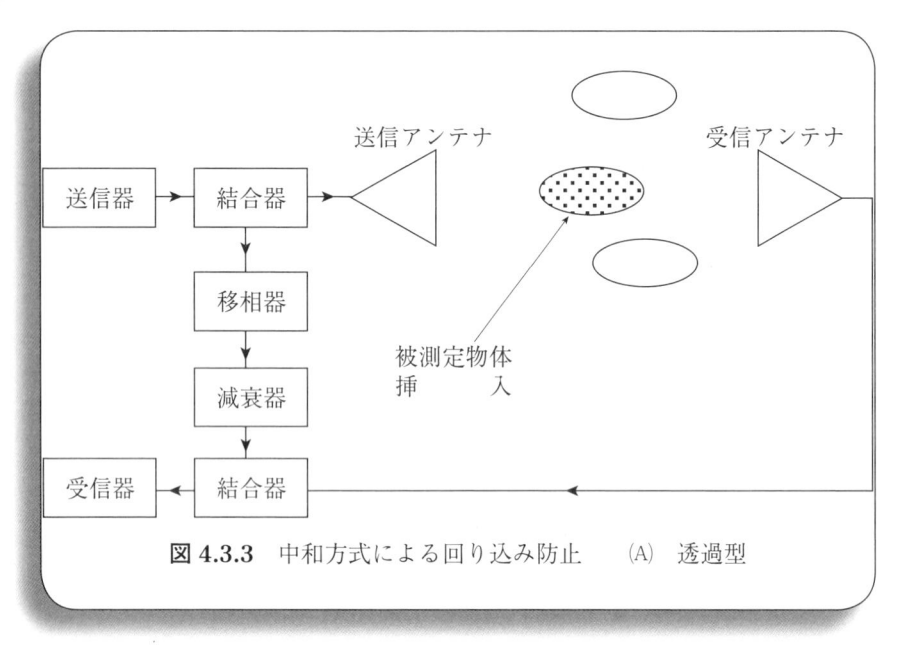

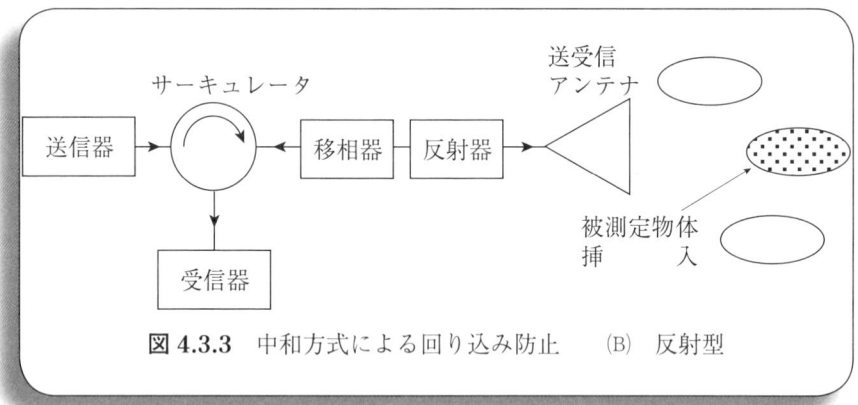

図 4.3.3 中和方式による回り込み防止　(A)　透過型

図 4.3.3 中和方式による回り込み防止　(B)　反射型

もアンテナの偏波による分離などいろいろな対策が対応療法的に行われているのが実情である．

付　録

1. Sパラメータとネットワークアナライザー

　マイクロ波を有効に利用し，装置を十分に動作させる為には，そのマイクロ波回路の特性を測定し調整しなければならない．そのための最も有効で便利な測定装置としてネットワークアナライザーがある．

　マイクロ波帯では直流や低周波のように，直接その電圧や電流を測ることは難しいので，被測定物に入射するマイクロ波の振幅，位相に対して，透過波および反射波の振幅と位相を測定することにより反射係数等を求め，これらから回路のインピーダンスを求める装置で，それらの関連計算は内蔵のコンピューターが行って必要なインピーダンス等の値を直接表示するようになっている．この装置により求められる電気的要素は次のようなSパラメータが主体である．

　Sパラメータは二ポート(四端子網)回路のSマトリックスより得られるが，ここではマトリックスの説明を省略して，結果として得られるSパラメータについて簡単に説明する．被測定物を図1.1のごとく二ポート回路であらわし，入力側に1，出力側に2のサフィックスをつける．また，入力電圧をA，反射電圧をBであらわすと，マイクロ波電力は

　　　入力電力 $P_1 = |A_1^2|$，反射電力 $P_2 = |B_1^2|$

となる．Sパラメータは

$$S_{11} = \left.\frac{B_1}{A_1}\right|_{A_2=0}, \quad S_{21} = \left.\frac{B_2}{A_1}\right|_{A_2=0}$$

$$S_{12} = \left.\frac{B_1}{A_2}\right|_{A_1=0}, \quad S_{22} = \left.\frac{B_2}{A_2}\right|_{A_1=0}$$

と定義され，

$$\begin{aligned} B_1 &= S_{11}A_1 + S_{12}A_2 \\ B_2 &= S_{21}A_1 + S_{22}A_2 \end{aligned} \quad \text{であらわされる．}$$

　Sパラメータの測定には，図1.1のポート2のところに無反射終端を接

続すると $A_2 = 0$ の条件が満たされて，ポート1の入射波と反射波の比(振幅比および位相差)を測定して S_{11} が求まり，ポート2をポート1と逆にして同様の測定を行えば S_{22} が求められる．また，透過係数の測定から S_{21}, S_{12} が求まる．これらのパラメータから被測定物の回路特性が得られるのである．

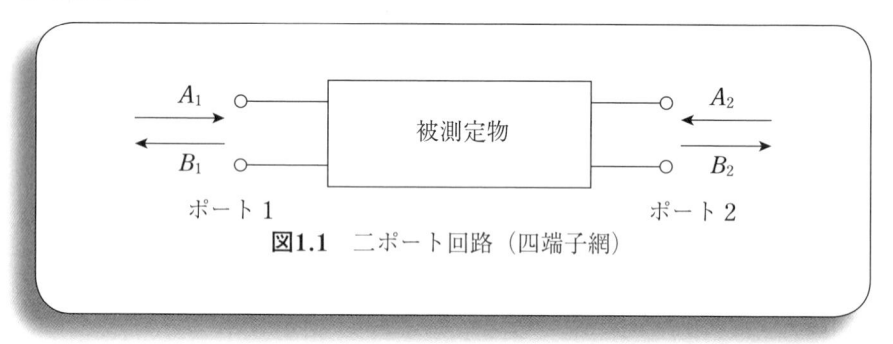

図1.1 二ポート回路(四端子網)

2. 反射係数と電圧定在波比—負荷の整合

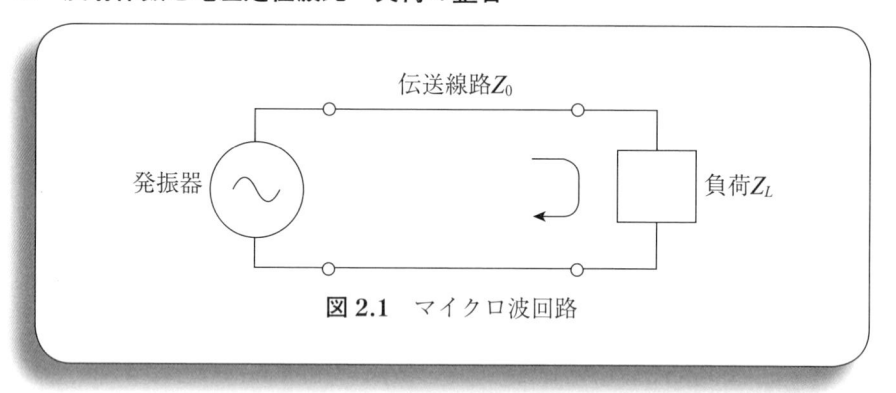

図2.1 マイクロ波回路

発振器と伝送線路とは，うまく結合されているものとすると，問題は伝送線路と負荷との結合となる．一般に伝送線はマイクロ波帯域では分布定数回路であり，次のような特性インピーダンスを持っている．

$$Z_0 \approx \sqrt{\frac{L}{C}}$$

(L 及び C はそれぞれ単位長さ当りの線路の分布誘導リアクタンスおよ

び分布並列キャパシタンスを表している.).

特性インピーダンス Z_0 の伝送線路に負荷インピーダンス Z_L が図2.1のごとく接続されると, $Z_0 = Z_L$ なら全マイクロ波電力が負荷に吸収されるが, $Z_0 \neq Z_L$ なら一般に入力の一部が反射されて発振器の方へ戻って行く. このときの反射電力を電圧で見ると, 入力電圧と反射電圧の比は反射係数 (電圧) Γ と呼び, 次式で与えられる.

$$\Gamma = \frac{Z_L - Z_0}{Z_L + Z_0}$$

$Z_0 = Z_L$ なら $\Gamma = 0$ となり, 反射が生じない. この状態を負荷の整合(マッチング)と呼んでいる. $\Gamma \neq 0$ のときは, 伝送路には入射波と反射波が生じて定在波を作る. この定在波振幅の最大値と最小値を定在波比と呼ぶが, 一般には電圧の定在波比 (V.S.W.R.) を測定して回路の整合状態の目安としている. VSWR (ρ) は反射係数 Γ から次式により求めることができる.

$$\rho = \frac{1+|\Gamma|}{1-|\Gamma|} \;;\; \text{逆に}\; |\Gamma| = \frac{\rho-1}{\rho+1} \;\text{となる.}$$

整合負荷では $\Gamma = 0$ 従って $\rho = 1$ である. この回路の VSWR は定在波比測定器で容易に測定できる.

3. 立体回路と平面回路

マイクロ波は一般の交流(低周波)と同様に並行線路で伝送できるが, この場合には各部分に L と C がある分布定数回路として取扱わねばならない.

しかし, このような露出した伝送線では各部分がアンテナとなって空気中へマイクロ波を放射するので, この輻射損失を抑えるために, 閉じた空間内でマイクロ波を伝送する立体回路が考えられた. その主要なものは導波管と同軸線路である.

導波管は円形または方形の断面を持った金属管で, 電磁波はこの内部を管壁反射を繰り返しながら進んで行くのである. この管内では多くの電磁

界の存在が可能であるが，そのうち管軸方向を波の進行方向とすると，この進行方向に電界のある波の形を TM 波（E 波），磁界のある波を TE 波（H 波）と呼ぶ．最も普通に利用される H 波では，その基本波の電磁界の形が図 3.1 のようになっており，また，$\lambda > 2a$ の波はこの導波管の中へは入って行けず，$\lambda = 2a$ を遮断波長と呼んでいる．

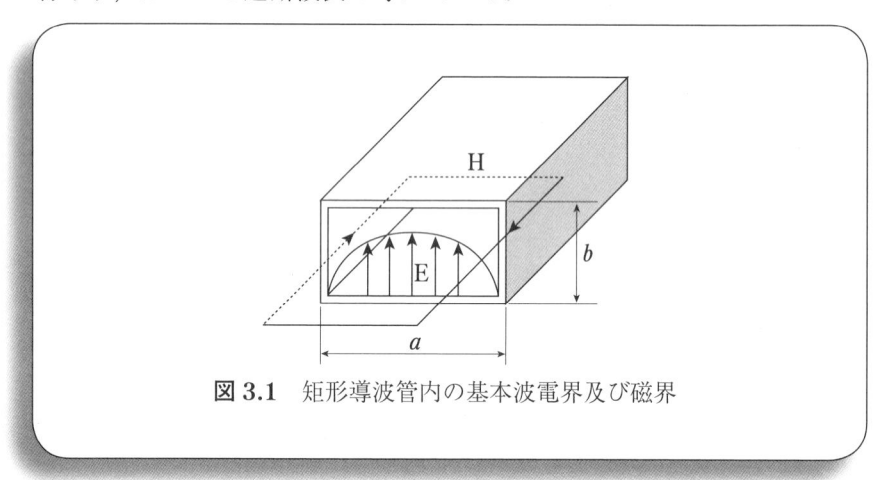

図 3.1 矩形導波管内の基本波電界及び磁界

同軸線路は図 3.2 のごとく，円筒内に内軸を入れた形で，この場合は電界も磁界も進行方向（管軸方向）に直交した平面上にあり，これを TEM 波と呼んでいるが，この場合には遮断波長が存在せず，自由な周波数のマイクロ波を伝送することができる．これらの立体回路は輻射損失が極めて

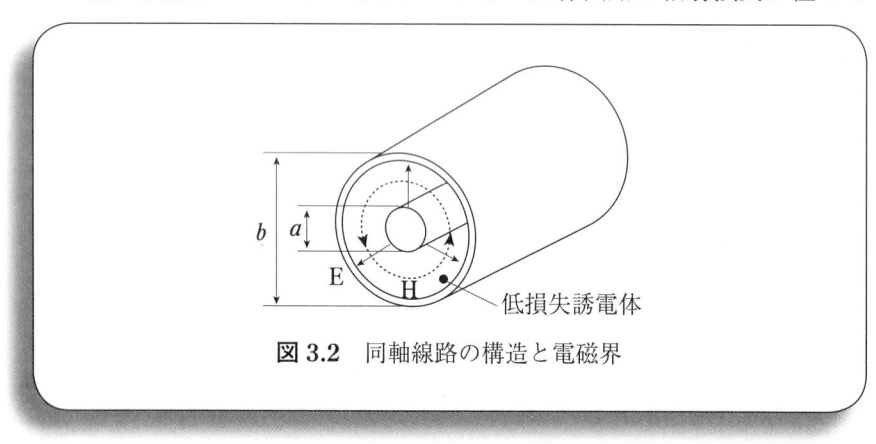

図 3.2 同軸線路の構造と電磁界

少ない利点があるが，立体構造であるため，小型化が困難でマイクロ波のIC化には適さない．そのための回路として，次の平面回路が考えられている．

送信器や受信器内部の伝送系では，伝送距離が短いので伝送損失よりも小型化が求められており，これに適したものとしてストリップライン（線路）がある．

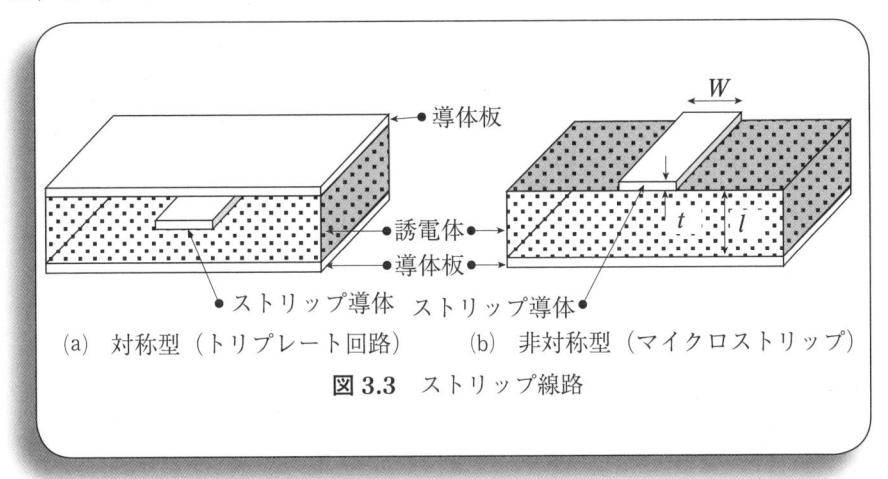

図 3.3 ストリップ線路
(a) 対称型（トリプレート回路）　(b) 非対称型（マイクロストリップ）

その一つは図 3.3 (a) の対称型ストリップ線路で，これは同軸線路を変化したものと考えられる．この片方を取り出したものが (b) の非対称ストリップ線路で，最も多く実用化されている．図 3.3 (b) のストリップ線路の幅を W，厚さを t，誘電体(誘電率 ε_r)の厚さを l とすると，

$t/W \ll 1$，$l/W \ll 1$ として，このストリップ線路特性のインピーダンスは次の近似式で求められる．

$$Z_0 = \frac{104}{3\sqrt{\varepsilon_r}\left\{7+8.83\left(\dfrac{t}{l}\right)\right\}} \, [\Omega]$$

このストリップ線路の損失としては，導体損失，誘電体損失及び放射損の三つがあり，それぞれについて近似式が求められている．

4. マイクロ波線路のモード

マイクロ波線路内のマイクロ波の電磁界の様子は，マクスウェルの方程式を，線路の壁部分の境界条件を満たすような条件で解いて得られるが，多くの解が存在する．このことは線路内を伝わるか，または閉線路の場合はこれと共振する多くの波(波長，位相等)が存在することを示している．例えば図3.1のような方形導波管内の電磁波は，波の進行方向に電界が存在して，この方向に磁界が存在しない波と，図のように進行方向に磁界のみが存在して電界の無い波とが，この中を伝搬して行く．これらの波の形をモードと呼び，それぞれTMモード（E波），TEモード(H波)と名づけている．これらの波は多くの波長(周波数)がマクスウェルの式を満足するが，そのうち最も長い波長の波を基本波と呼び，通常の場合このH波の基本波を方形導波管では使用している．

なお，進行方向に電界（E）も磁界（H）も存在せず，ただ進行方向と直交する面内にのみ電磁界が存在するモード(姿態)をTEMモードと呼び，同軸線路内やストリップ線路内の電磁界がこれに相当している．

5. 誘電体共振器

大きい誘電率を持つ誘電体の空気との境界面では電磁波はある角度以上の入射角では全反射となり，電磁波は誘電体内に閉じ込められた形となる．(光の屈折率は $n=\sqrt{\varepsilon_r}$ なので，光の場合と同様に考えられる.) このことはまた，反射係数の式からも知られるが，境界面では，大きい反射係数

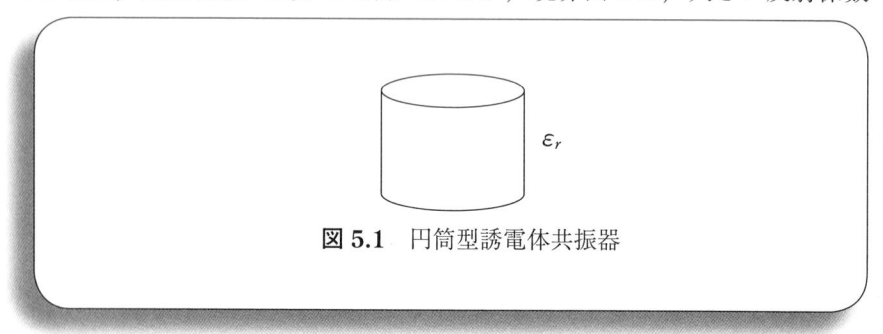

図 5.1　円筒型誘電体共振器

となり，大部分の電磁波が内部へ反射される．それ故，誘電体の両端を開放にすれば，金属の共振器と同様に共振器となるのである．

この場合，誘電体外部のごく近傍には，直ちに減衰するような表面波電磁界(エバネッセント波と呼ぶ)が生じるので，外部回路から共振器への結合は，この共振器近傍電磁界に外部共振回路を結合させることにより容易に行うことが出来る．（ループまたはプローブによる．）導波管と同様に幾つかの共振モードがあるので，誘電体の種類や寸法（共振周波数）については，専門書又は専門メーカーの解説を参照されたい．

6. ダイバシティ方式

計測を行う場合にマイクロ波をアンテナを介して空間に放射して，送受信共用アンテナ，あるいは送信アンテナ，受信アンテナ別体形のものであっても受信感度が不十分な場合があり，この場合にダイバシティ方式が採用される．良く用いられる方法としては送信アンテナ，あるいは受信アンテナを複数個設置して感度向上を計るもので，送信アンテナを複数個設置の場合を送信ダイバシティ，受信アンテナを複数個設置する場合を受信ダイバシティと呼ばれる．また，送受信アンテナを同時に複数個用いる場合もある．この他にも周波数を変えて送受信を行う周波数ダイバシティ，あるいはアンテナの偏波を切り替えて送受信を行う偏波ダイバシティ等の方法も利用される．

特にマイクロ波応用では近距離における送受信が多いので，アンテナ近傍に障害物が多く，マイクロ波の干渉や反射により電界分布が空間的に乱れており，これらの影響による感度の劣化を防止する方法としてダイバシティ方式を採用することが出来る．

7. 開口効率

各種のアンテナの中でパラボラアンテナや電磁ホーンあるいは平面形のアンテナのような開口形アンテナでは開口面に到達する電力をどの程度受

信できるかが性能を定める．

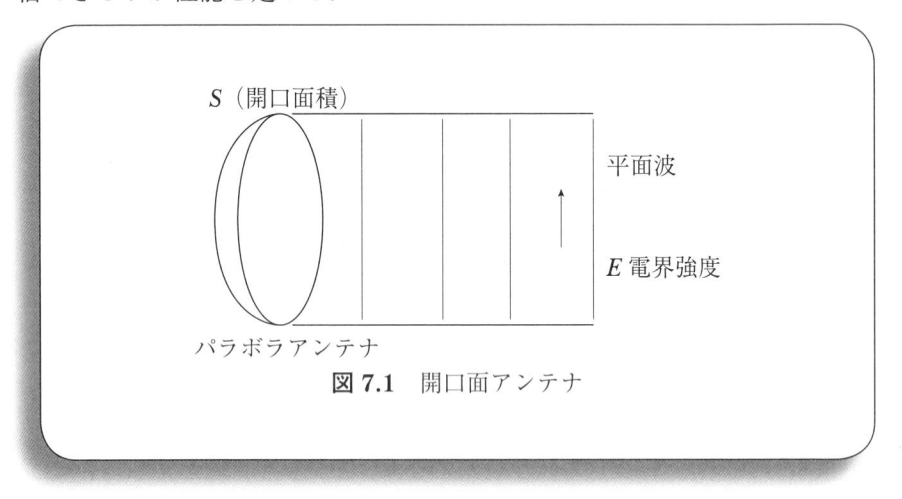

図 7.1　開口面アンテナ

図 7.1 においては平面電界 E において開口面に入射する電力 P_r は

$$P_r = A \frac{|E|^2}{Z_0} \qquad 7.1 式$$

Z_0：特性インピーダンス

実際に受信できる電力を P_r' とすると開口効率 η は 7.2 式の様に定義することが出来る．

$$\eta = \frac{P_r'}{P_r} \times 100 \qquad 7.2 式$$

8. 半導体デバイスの等価回路

半導体デバイスをマイクロ波帯で用いる場合には周波数が高いことにより微小な容量やインダクタンスが回路設計上無視できなくなり，設計する場合にはこれらの値を取り込む必要がある．

この場合に各半導体デバイスの物理的動作原理とそのパッケージ構造に基づき等価回路モデルを作り，半導体を組み込んだマイクロ波回路設計を行うことが多い．等価回路はそのデバイスの使用周波数とパッケージ構造により異なるので，用途に応じて各種の等価回路が提案されている．

図 8.1 はダイオードの等価回路を示す.

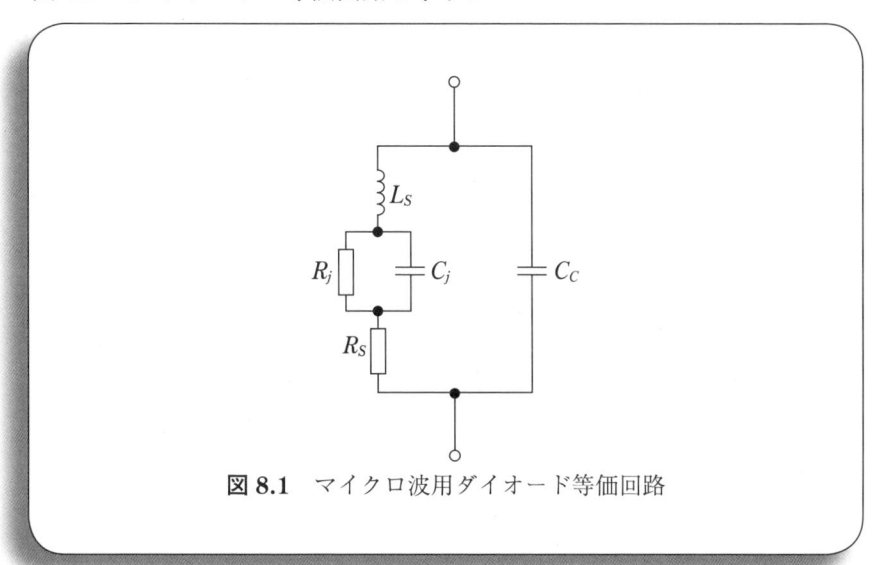

図 8.1 マイクロ波用ダイオード等価回路

ここで L_S はリードインダクタンス, C_C はケース容量でありデバイスのパッケージングと関係する量である.

R_j, C_j はジャンクション抵抗と, ジャンクション容量であり, R_S はダイオードの直列抵抗を示す.

図 8.2 はトランジスタの T 形等価回路モデルである.

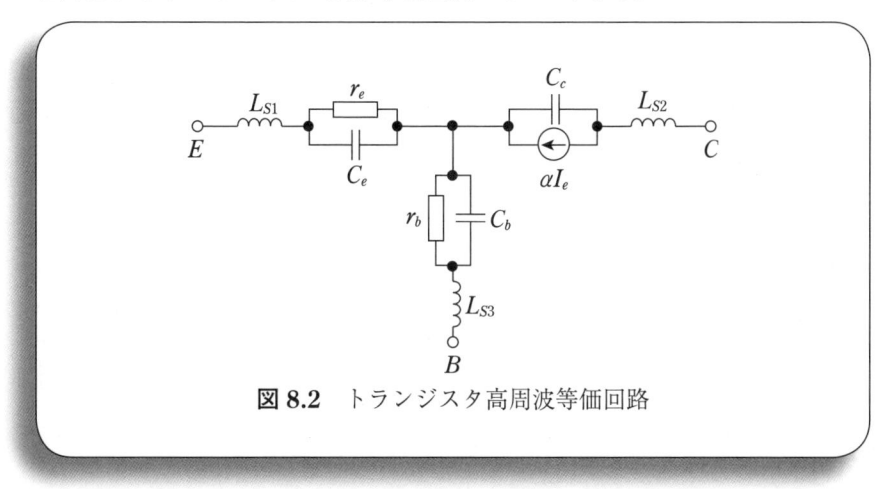

図 8.2 トランジスタ高周波等価回路

図 8.2 において L_{S1}, L_{S2}, L_{S3} はパッケージに伴うリードインダクタンスであり，パッケージによってはこの値は小さなものが多い．r_e, C_e, r_b, C_b はそれぞれエミッタ抵抗，エミッタ容量，ベース抵抗，ベース容量を示し，C_C はコレクタ容量を示している．

これらの等価回路と各部の定数は半導体カタログに明示されているので，それらを利用することが必要である．

9. VCO

Voltage Controlled Oscillator の略語で，電圧制御可変周波数発振器をいう．通常の発振器の同調回路に，電圧可変容量（バラクター）をそう入し，電圧を変えることにより発振周波数を変えることができる構造になっている．

10. 側帯波

連続波をパルス（他の波形でもよい）変調を行い，その変調波（図の②）をフーリエ展開を行うと多くの周波数の成分に分けられる．これらの成分波の合成で変調波形が出来るのであるが，これらの成分波は連続でなく，多くの不連続の周波数から成っており（図③），これらは主波 f_0 の近傍に比較的強い成分波があり，これを側帯波と呼んでいる．この展開を実際に行い，それを表示するのがスペクトルアナライザーである．変調波を，ある特定の周波数のバンドパスフィルターを通すと，その周波数の側帯波が

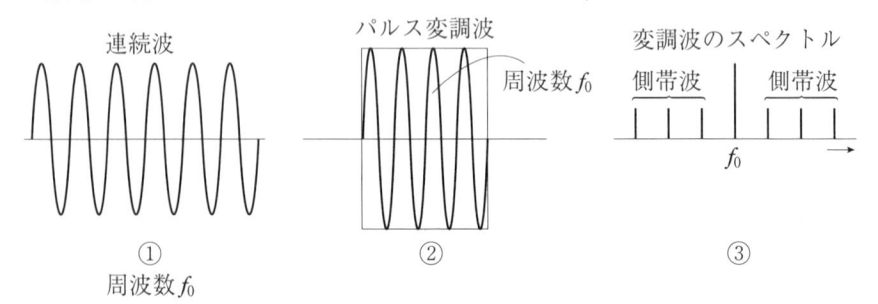

図 10.1 変調波のフーリエ成分

得られる．

(参考文献)
- 柴田長吉郎：工業用マイクロ波応用技術，1990 電気書院
- 岡田文明：マイクロ波工学，1993 学献社
- 香西寛：マイクロ波工学，1990 オーム社
- 山下栄吉：応用電磁波工学，1992 近代科学社
- 古川静二郎：半導体デバイス，1988 コロナ社
- 中島将光：マイクロ波工学，1986 森北出版社

あとがき

　マイクロ波の小電力が簡易な半導体素子で取り扱えるようになったので，その特性を利用した応用の途が開かれた．

　本書はそれらの応用（通信及びレーダーを除く）を平易に解説したもので，難解な数式や専門用語は出来るだけ避けるように考慮したので，更に深い知識や理論を必要とする方々はそれぞれの専門書を参照されたい．

　また，いくつかの専門用語は巻末の付録で平易に解説しておいたので参照されたい．

　本書の作成に当っては，株式会社ヨコオ研究開発部の堀江執行役員，および同部関口次長には実例の内容説明や図面，写真などの作成に協力して頂いたので謝意を捧げたい．

　また，本書の作成に御尽力を頂いた電気書院の大沢編集長にも深く感謝したいと思う．

2005年9月　　　　　　　　柴田　長吉郎（日本電磁波応用研究会会長）
　　　　　　　　　　　　　柳沢　和　介（株式会社ヨコオ副社長）

索　引

〔ア行〕

インパットダイオード……………17
位相変調………………………23, 38
アイソレータ……………………41
エスパラメータ………………… 147

〔カ行〕

ガンダイオード…………………17
開口効率………………… 44, 153

〔サ行〕

線形回路素子……………………13
三端子素子………………………16
ショットキーバリアダイオード 21
水晶発振器………………………24
ストリップライン………………
　……… 12, 27, 58, 72, 77, 151
側帯波………………………… 156
周波数変調……………………23, 40
サーキュレータ…………………41

〔タ行〕

電界効果トランジスタ…………18
ダイバシティ方式…………… 153
電磁ホーン………………………44
ドップラー効果…………………65
ドップラーモジュール……66, 72
電圧定在波比………………… 148
特性インピーダンス………… 148

〔ナ行〕

二端子素子………………………17
ネットワークアナライザ…… 147

〔ハ行〕

バイポーラトランジスタ………17
バラクタダイオード……………23
ピル形パッケージ………………28
ホモダイン方式…………………34
パラボラアンテナ………………46
偏波………………………………48
方向性結合器……………………49
ボルツマン定数……………… 134
バランス形ミクサ………………36

〔マ行〕

マイクロ波用基板………………14
ミクサ……………………………36
モード………………………55, 58

〔ヤ行〕

ユニポーラトランジスタ………16
誘電体共振器……………………
　………………… 25, 32, 152

〔ラ行〕

レスポンダー…………… 96, 109

（英文索引）

DRO ……………………………25
FET ……………………………16
FM ……………………………30

FM−CW	101
HEMT	35
IF	35
ISM	8, 69
MIC	12
MMIC	12
PLL	25, 33
Q値	60
Sパラメータ	147
VCO	33
SBD	21, 36
Xtal OSC.	25, 92
TE波	150
TM	150
TEM	150

柴田　長吉郎
1923年　兵庫県に生まれる．
1945年　東京帝国大学理学部物理学科卒業同理工
　　　　学研究所嘱託となる
1946年　日本無線株式会社入社
1959年　米国RAYTHEON社との合弁で新日本無線
　　　　(株)が設立され同社へ出向
1961年　同社へ移籍
1963年　理学博士号を受ける
1980年　同社常務取締役，研究所長
1988～1994年　大同工業大学応用電子工学科教授
1989年～2004年　日本電熱協会副会長，現在名誉
　　　　会員
1993年　日本電磁波応用研究会を設立，会長
電気学会　電子ビーム装置調査専門委員会委員長，
　　　　　マイクロ波装置調査専門委員会委員長
　　　　　を歴任
応用物理学会　元評議員

柳沢　和介
1942年　長野県に生まれる．
1966年　早稲田大学理工学部電気通信学科卒業
1966年　新日本無線株式会社入社
1985年　株式会社横尾製作所入社
　　　　（現在　株式会社ヨコオ）
1987年　同社取締役
2005年　同社代表取締役副社長（CTO）

Ⓒ Chokichiro Shibata　Wasuke Yanagisawa 2005

小電力マイクロ波応用技術と装置

平成17年10月20日　　　　第1版第1刷発行

著　者　　　　　柴田長吉郎・柳沢和介
発行者　　　　　　田　中　久米四郎
　　　　　発行所
　　　　株式会社　電気書院
　　　　http://www.denkishoin.co.jp/
　　　　振替口座　00190-5-18837
　　　　　　〈本　　社〉
〒151-0063　東京都渋谷区富ヶ谷二丁目2-17
　　　　　TEL：(03) 3481-5101
　　　　　　〈神田営業所〉
〒101-0051　東京都千代田区神田神保町1-3　ミヤタビル2F
　　　　TEL：(03) 5259-9160／FAX：(03) 5259-9162

ISBN4-485-66525-9　　　印刷　松浦印刷　　　Printed in Japan

《乱丁・落丁の節はお取り替えいたします》

・本書の複製権は（株）電気書院が保有します．

JCLS 〈（株）日本著作出版権管理システム委託出版物〉
本書の無断複写は著作権法上での例外を除き禁じられています．複写
される場合は，そのつど事前に（株）日本著作出版権管理システム
（電話03-3817-5670，FAX03-3815-8199）の許諾を得てください．